EVERYDAY CLOTHES

Simple &
Easy to mix-and-match

(30)

Clothes

+

EVERYDAY CLOTHES

Simple &
Easy to mix-and-match

Clothes

女子裁縫師
的日常穿搭

一次學會 ⑳ 款不退流行的實穿單品

EVERYDAY CLOTHES

Simple &
Easy to mix-and-match

Clothes

+

女子裁縫師的日常穿搭
一次學會30款不退流行的實穿單品

獨一無二的手作服，
從一般家居服到外出服的正式搭配，
都是觸感舒適的日常穿搭服裝。
平常搭配的服裝，
最好選擇簡單又不容易看膩的款式。
只要在布料＆輪廓上添加
些許流行的時尚元素，
每天的穿搭一定更令人雀躍不已。

不論在製作上衣或搭配的褲款，
請先想想自已衣櫃裡服裝的顏色和款式。
製作套裝時，也必須可以分開搭配。
另外像是棉布・亞麻布・薄羊毛布，
不需要擔心季節，整年都可以搭配，
寒冷的季節時只要再披上一件上衣，
而炎熱的季節單穿，既涼爽又舒適。
穿搭時搭配具清涼感的白色系，
配合鞋子・襪子等就可以
演繹出不同的季節感。

這本書介紹了30款簡單且又百搭的服裝。
馬上來試著製作看看吧！
也有兩款頸圍和髮帶的
配件製作喔！

CONTENTS

開叉領連身裙＆窄管褲

㉑

P. 22

㉒
P. 22

開叉領上衣＆七分寬褲

㉓

P. 24

㉔
P. 24

蝴蝶結領上衣＆寬褲

㉕

P. 26

㉖
P. 26

襯衫式連身裙＆窄管褲

㉗

P. 28

㉘
P. 28

襯衫＆一片裙

㉙

P. 30

㉚
P. 30

開襟長外套＆寬褲

㉛

P. 32

㉜
P. 32

開始製作之前 ― P. 33

原寸紙型使用方法 ― P. 34

本書刊載的作品尺寸和原寸紙型

○本雜誌刊載作品，均有原寸紙型和應用方法（一部分作品除外）。
原寸紙型使用方法參考P.34。
使用「原寸紙型」時，請描繪至別的紙張上使用。

○原寸紙型尺寸M・L・LL等3種尺寸。
一部分設計款式需依製作方法更改紙型。

○模特兒穿著M尺寸。

○作品基本尺寸參考P.33。

杜耳曼袖上衣&
褶襉裙

立領領圍設計
讓造型看起來更加洗練，
上衣與鬆緊帶設計的褶襉裙
同花色的套裝。
高雅棉質混Polyester布料，
一年四季都可以輕鬆搭配。

製作方法　**01・02** ▶ P.35
布　　料　ヨーロッパ服地のひでき

point

將上衣塞入裙內搭配成連身
裙風格。

1・2製作／清野孝子
絲襪／17℃ by Blondoll LUMINE 有樂町店
鞋子／DIANA（DIANA銀座本店）

item

01

←

item

02

←

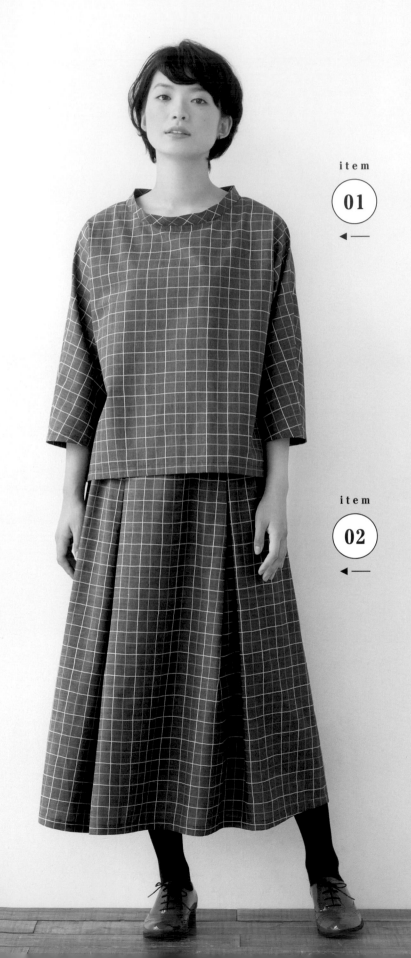

02 的造型穿搭範例

褶襉設計的鬆緊帶裙子，看起來更
加清爽。搭配素雅上衣，就可以輕
鬆出門。

Cut-and-sew

+

02

item

03

——▶

七分寬褲

製作方法 **03** ▶ P.38

布　　地　ヨーロッパ服地のひでき

3製作／長島望　別針／imac
襪子／17℃ by Blondoll LUMINE 有樂町店
短鞋子／by DIANA（銀座本店）

01 的造型穿搭範例

基本款的藍色素面七分寬褲非常百
搭。後片稍長的杜耳曼袖上衣穿起
來也具流行感。

01

+

03

襪子／17℃ by Blondoll LUMINE 有樂町店
鞋子／by DIANA（銀座本店）

縮腰上衣＆寬褲

青年布製作的六分袖縮腰上衣，
突顯清爽感。
搭配成熟的條紋寬褲，
展現中性的帥氣風貌，
整體統一為深藍色系，
看起來相當舒服。

製作方法　**04** ▶ P.40　**05** ▶ P.43
布　　料　**05** ▶ ヨーロッパ服地のひでき

point

立領設計搭配釦環，
方便穿脫。

4製作／小林かおり　5製作／小澤のぶ子
襪子／17℃ by Blondoll LUMINEネ有樂町店
鞋子／DIANA（DIANA銀座本店）

item
04
—▶

item
05
◀—

04 的造型穿搭範例

搭配格紋圖案的窄管褲看起來很有精神，適合日常穿搭。

04

＋

28

褲子／P.28　28號作品

point

後片口袋可以修飾臀型。

鞋子／DIANA（DIANA銀座本店）

05 的造型穿搭範例

恰到好處的寬度，不論是誰都很適合的寬褲。稍露腳踝的九分長度，搭配彩度高的開襟長外套也很好看。

＋

05

杜耳曼袖連身裙
& 窄管褲

單穿也很時尚的
羊毛連身裙。
可當長版上衣配上
窄管褲非常可愛。
內搭可選擇條紋高領上衣。

製作方法　**06** ▸ P.42　**07** ▸ P.48
布　　料　布地のお店Solpano

6製作／清野孝子　7製作／酒井三菜子
鞋子／DIANA（DIANA銀座本店）

條紋針織衫・短鞋子／e.r.g*

06的造型穿搭範例

杜耳曼袖連身裙，搭配披風式背心重疊穿搭。深淺灰色的濃淡組合更顯時尚。

06

＋

08

輕薄針織布作成的披風背心，還可以修飾腰圍。

item

08

←

披風背心

製作方法 **08** ▶ P.46

布　料　ニット生地のお店
mocamocha
（U-45410-106）

07的造型穿搭範例

較寬鬆的腰圍設計，朝著下襬越顯窄細的窄管褲，不論是任何人，都很百搭。條紋針織衫可展現中性休閒風。

Knit

＋

07

8製作／長島望　鞋子／DIANA（DIANA銀座本店）

小圓領上衣
&
褶襉裙

張力十足的棉質布料所製作的套裝款式。
簡單之中，令人感到小清新的小圓領上衣，
袖口蝴蝶結是設計重點。
搭配褶襉設計分量十足的百搭裙款，
選擇灰色系的灰粉色，
突顯大人味的可愛俏皮感。

製作方法　**09**・**10** ▶ P.51
布　　料　布地のお店 Solpano

item
09
←

item
10
←

9・10製作／太田順子
絲襪／17℃ by Blondoll LUMINE有樂町店
鞋子／DIANA（DIANA銀座本店）

point

背面的採鈕環穿脫設計。

袖口大大的蝴蝶結裝飾。

10的造型穿搭範例

灰粉色的蓬鬆傘狀裙搭配黑
色上衣和短靴造型。不會太
過甜美的穿搭術。

Cut-and-sew

+

10

09的造型穿搭範例

垂肩袖的寬鬆造型展現魅力
的上衣,搭配窄版窄管褲,
休閒又百搭。

09

+

22

項鍊／Sea Rose JEWEL（imac）
鞋子／TALANTON by DIANA
（DIANA銀座本店）
褲子／P.22的22號作品

項鍊／Sea Rose JEWEL（imac）
襪子／17℃ by Blondoll LUMINE 有樂町店
短靴／TALANTON by DIANA
（DIANA銀座本店）

小圓領連身裙

將P.10的9號作品增加長度的連身裙款式，
是善用垂肩袖寬鬆輪廓的簡單設計。
中厚的聚酯纖維混嫘縈材質的針織布，
不論哪一個季節都可以搭配。

製作方法　**11** ▸ P.54

布　　料　布地のお店 Solpano

11製作／東海林清美
項鍊／MDM　絲襪／17℃ by Blondoll LUMINE 有樂町店
鞋子／TALANTON by DIANA（DIANA銀座本店）

item

12

←

脖圍

製作方法 12 ▶ P.54

布　料　布地のお店
　　　　Solpano

---

11 的造型穿搭範例 ①

裝飾在領圍上，連身裙和脖圍的高垂領
款式。搭配其他衣服款式也很OK。

11 的造型穿搭範例 ②

放假的日子時，搭配上條紋襯衫和丹寧
褲展現休閒風，腳上穿上最喜歡的休閒
鞋。

11

+

Shirt

+

Pants

耳環／Aleksia Nao（imac）　包包／DIANA（DIANA銀座本店）
絲襪／17℃ by Blondoll LUMINE 有樂町店
短靴／TALANTON by DIANA（DIANA銀座本店）

無袖連身裙

修飾臂膀線條的包袖設計，
穿著起來相當舒適的連身裙。
沿著傘狀下襬漸漸變寬的A形輪廓，
搭配同身片布料的腰帶，
簡潔又美麗。

製作方法　**13** ▶ P.56
布　　料　ヨーロッパ服地のひでき

item
13
◀──

13製作／東海林清美
鞋子／TALANTON by DIANA（DIANA銀座本店）

開襟外套

製作方法　**14** ▶ P.84

布　料　布地のお店
　　　　mocamocha
　　　　（Q-80095-208）

14製作／小林かおり　襪子／17℃ by Blondoll LUMINE有樂町店
鞋子／TALANTON by DIANA（DIANA銀座本店）

13 的造型穿搭範例 ①

搭配粗呢織針織布製作而成的V領
開襟外套非常高雅。

14

＋

13

13 的造型穿搭範例 ②

內搭白色襯衫的背心風穿搭，沒
有腰線束縛，穿起來更加舒適，
休閒味十足。

13

＋

Shirt

襯衫／e.r.g*　襪子／17℃ by Blondoll LUMINE有樂町店
鞋子／TALANTON by DIANA（DIANA銀座本店）

圓領上衣 &
褶襉裙

以輕軟感覺的布料製作，
圓領的感覺，加上前短後長的設計，
營造出具豐厚分量感的下襬。
穿上同樣A字線條的褶裙，
展現出美麗的一體感。

製作方法　**15・16** ▶ P.58
布　料　ヨーロッパ服地のひでき

item

15

item

16

15製作／太田順子　16製作／小林かおり
項鍊／Sea Rose JEWEL（imac）
鞋子／TALANTON by DIANA（DIANA銀座本店）

15 的造型穿搭範例

白色素面上衣，不論搭配什麼款式都非常合適，穿上條紋寬褲展現中性帥氣風格。

15

＋

Tank top

＋

05

項鍊／MDM　褲子／P.6的5號作品
短靴／TALANTON by DIANA（DIANA銀座本店）

16 的造型穿搭範例

藍色系列印花布，選擇搭配深藍色開襟外套，非常高雅。只要戴上飾品，晚上的約會也不用擔心造型太過簡單。

Cardigan

＋

16

開襟外套／DO!FAMILY原宿本店
褲襪／17℃ by Blondoll LUMINE有樂町店
鞋子／TALANTON by DIANA（DIANA銀座本店）

髮帶&
無袖連身裙

自由多層次穿搭的無袖連身裙，
黑色基底搭配千鳥格紋的提花圖案，
突顯自我個性和時尚感。
搭配高領上衣，清新又素雅。
戴上以衣服布料製作的髮帶，
更有整體感。

製作方法 **17・18** ▶ P.62
布　　料　布地のお店 Solpano

18製作／太田順子
短靴／TALANTON by DIANA
（DIANA銀座本店）

18 的造型穿搭範例

18

約會時可以搭配珍珠或金項鍊，增添華
麗感。

項鍊／MDM　褲襪／17℃ by BlondollLUMINE有樂町店
包包・鞋子／TALANTON by DIANA（DIANA銀座本店）

18

＋

Cardigan

18 的造型穿搭範例

較為合身的輪廓，即使搭配開襟外套或
外套，也極具平衡感。此款造型搭配淺
灰色的開襟外套。

項鍊／Sea Rose JEWEL（imac）
開襟外套／e.r.g*　褲襪／17℃ by Blondoll
LUMINE有樂町店　鞋子／DIANA（DIANA銀座本店）

背心&
一片裙

羊毛素材的背心式簡單罩衫，
和釦子固定的一片裙，
即使上下搭配同款套裝，
只要改變內搭款式，
整體氛圍也會不一樣，
是非常便利的設計。

製作方法　**19・20**▶P.68
布　　料　小泉KOIZUMI LIFE TEX

item

19

◀──

item

20

──▶

19・20製作／金丸かほり
襪子／17℃ by Blondoll LUMINE有樂町店
鞋子／DIANA（DIANA銀座本店）

19 的造型穿搭範例

丹寧襯衫和寬褲，搭配羊毛素材背心，
不同於一般正式背心的穿搭，很有新鮮
感。

19

+

Shirt

+

襯衫／e.r.g*　褲子／P.32的32號作品
短靴／TALANTON by DIANA
（DIANA銀座本店）

20 的造型穿搭範例

條紋裙款搭配灰粉色上衣，甜美之中帶有
帥氣感的絕妙組合，更襯托出成熟風情。

09

+

20

上衣／P.10的9號作品
襪子／17℃ by Blondoll LUMINE有樂町店
鞋子／TALANTON by DIANA（DIANA銀座本店）

開叉領連身裙
&
窄管褲

膝上長度的開叉領連身裙，
可以當成長版上衣，
搭配窄版窄管褲。
較寒冷的天氣再加上高領上衣，
非常有保暖效果。

製作方法 **21** ▸ P.65　**22** ▸ P.48
布　　料　布地のお店 Solpano

item

21

←

item

22

←

21製作／加藤容子　22製作／酒井三菜子
高領上衣／DO!FAMILY原宿本店
鞋子／DIANA（DIANA銀座本店）

21 的造型穿搭範例

春夏季節可以單穿連身裙，再搭配白色棉麻素材的窄管褲，感覺會很清爽。

21
+
07

22 的造型穿搭範例

格子印花窄管褲搭配連帽上衣和帽子，展現運動風，是非常適合休假時的裝扮。

Parka
+
22

連帽上衣／e.r.g*　襪子／17℃ by Blondoll LUMINE有樂町店
鞋子／TALANTON by DIANA（DIANA銀座本店）

褲子／P.8的7號作品
鞋子／TALANTON by DIANA（DIANA銀座本店）

開叉領上衣&
七分寬褲

選擇自己喜愛的印花圖案布料，
製作開叉領上衣。
基本款設計非常百搭，
褲子可選擇印花圖案中的一色來搭配。

製作方法	23 ▶ P.76	24 ▶ P.38
布　　料	23 ▶ ヨーロッパ服地のひでき	
	24 ▶ 布地のお店 Solpano	

23製作／加藤容子　24製作／長島望
項鍊／Sea Rose JEWEL（imac）
褲子／17℃ by Blondoll LUMINE有樂町店
短靴／DIANA（DIANA銀座本店）

24的造型穿搭範例

一整年都可以搭配的棉質斜紋布七分寬褲，條紋上衣和披風背心的搭配很沉穩，更顯時尚。

08

＋

Cut-and-sew

＋

24

披風背心／P.9的8號作品
褲子／17℃ by Blondoll LUMINE有樂町店
鞋子／TALANTON by DIANA（DIANA銀座本店）

23的造型穿搭範例

美麗印花的開叉領上衣和淡色系的寬褲，腳下搭配樂福鞋，輕鬆又時尚。

23

＋

32

褲子／P.32的32號作品

item
26
→

item
25
←

蝴蝶結領上衣 &
寬褲

條紋的蝴蝶結領無袖上衣和
黑色寬褲的搭配組合。
充滿垂墜感的素材，
散發華麗成熟的風貌。

製作方法　**25** ▸ P.72　**26** ▸ P.43
布　　料　**25** ▸ ヨーロッパ服地のひでき

25製作／加藤容子　26製作／小澤のぶ子
鞋子／TALANTON by DIANA（DIANA銀座本店）

25 的造型穿搭範例

衣身較長的側邊開叉蝴蝶結領上衣，可當長版上衣搭配窄身褲，天氣冷的時候可再搭配開襟外套。

25

＋

Pants

褲子／17℃ by Blondoll LUMINE有樂町店
鞋子／TALANTON by DIANA（DIANA銀座本店）

26 的造型穿搭範例

雙色混織的針織布料所製作的開襟外套，和寬褲組合，整體更加時尚。內搭選擇白色蕾絲上衣。

14

＋

Cut-and-sew

＋

26

項鍊／MDM　肩蕾絲上衣／e.r.g*
外套／P.15的14號作品
短靴／TALANTON by DIANA（DIANA銀座本店）

襯衫式連身裙
＆窄管褲

就像披著外套一般的
帥氣襯衫式連身裙款，
下襬上捲的窄管褲設計，
清爽又簡潔。

製作方法	**27** ▶ P.82	**28** ▶ P.48
布　　料	**27** ▶ 布地のお店 Solpano	
	28 ▶ ヨーロッパ服地のひでき	

point

剪接片下的
褶襉設計。

point

釦上釦子，綁上腰帶，
當成連身裙搭配造型。

19

+

27

27 的造型穿搭範例

襯衫式連身裙和罩衫式背心的多層次穿搭。

point

背面造型也很可愛。

胸前線條裝飾口袋上衣
／e.r.g*

背心／P.20的19號作品
襪子／17℃ by Blondoll LUMINE有樂町店
鞋子／TALANTON by DIANA（DIANA銀座本店）

Cut-and-sew

+

28

28 的造型穿搭範例

藍白相間格紋的清爽窄管褲，搭配白色上衣的休閒風感，戴上圍巾裝飾整體造型。

襯衫 &
一片裙

小印花圖案的基本襯衫款，
搭配墨綠色一片裙的正規打扮。
捲起袖口露出手臂是今年流行風尚。

製作方法　**29**・**30** ▶ P.77

布　料　**29** ▶ ヨーロッパ服地のひでき

　　　　30 ▶ 布地のお店 Solpano

item

29

←

item

30

←

29製作／金丸かほり　30製作／小澤のぷ子
襪子／17℃ by Blondoll LUMINE有樂町店
短靴／DIANA（DIANA銀座本店）

30 的造型穿搭範例

01

＋

30

搭配洗練立領上衣的都會女性，展現
迷人高雅的一面。

上衣／P.4的1號作品
鞋子／TALANTON by DIANA（DIANA銀座本店）

七分寬褲／P.5的3號作品　鞋子／DIANA（DIANA銀座本店）

29 的造型穿搭範例

29

＋

03

搭配藍色七分寬褲時，上衣前下襬放
置內側，後面和側面拉出來，整體會
更顯輕盈。

開襟長外套 &
寬褲

針織布製作的杜耳曼袖開襟長外套。
棉質斜紋布的寬褲,
穿起來寬鬆舒適。
長版設計更修長,也有顯瘦效果。

製作方法	**31** ▶ P.86	**32** ▶ P.43
布　　料	**31** ▶ ヨーロッパ服地のひでき	
	32 ▶ 布地のお店 Solpano	

31 的造型穿搭範例

搭配上衣和裙子展現優雅的
開襟長外套,搭配相同布料
的腰帶。

31
+
15
+
16

item
31
→

item
32
←

31製作／小林かおり　32製作／小澤のぶ子
內搭條紋上衣／e.r.g*
鞋子／TALANTON by DIANA（DIANA銀座本店）

耳環／MDM　上衣／P.16的15號作品
裙子／P.16的16號作品
鞋子／TALANTON by DIANA（DIANA銀座本店）

＊＊＊原寸紙型使用方法＊＊＊

黏著襯使用方法

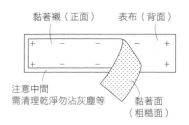

注意中間
需清理乾淨勿沾灰塵等

黏著面
（粗糙面）

①將布料背面放置在熨燙台上，
重疊黏著襯的黏貼面。

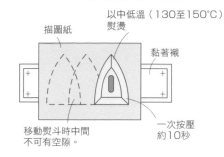

描圖紙

以中低溫（130至150℃）熨燙

黏著襯

一次按壓
約10秒

移動熨斗時中間
不可有空隙。

②黏著襯上重疊描圖紙。約130至150℃以體重重量全力按壓熨斗熨燙，請勿滑動，由上往下方熨燙。確保每處均有熨燙到，避免遺漏。

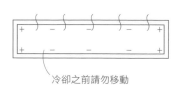

冷卻之前請勿移動

③熨燙之後移動容易剝落，請等冷卻之後再行移動。

★如果貼錯了，可以再次熨燙，趁熱之際將黏著襯撕下。
再次撕下的黏著襯無法二次使用。
★如果熨斗不小心沾到黏著襯膠，趁溫熱之際以布片擦拭取下黏膠。

本書刊載的參考尺寸

※身材尺寸。

（單位cm）

名稱＼尺寸	M	L	LL
胸圍	84	90	100
腰圍	66	72	82
臀圍	90	96	106
頭圍	36.5	39	41.5
手腕圍	16	18	18
頭圍	58	58	60
背長	38	40	41
腰圍	20	21	22
袖長	53	55	56
股上長	26	28	30
股下長	65	68	70
身長	158	162	166

麻布素材整理布紋

＊麻布素材一遇到水會伸縮，請裁剪之前先洗滌，才不會導致縮水。
＊布料需注意縮水量，準備多一點分量的布料。

對摺

對摺

10cm

1.如果布邊不平整請每10cm剪牙口。

2.洗衣機放入洗衣粉後洗滌。

拉開

3.攤開曬乾，注意不要有皺褶。

直布紋

4.約乾了80%之後從背面熨燙。
注意以直布紋和橫布紋的方向熨燙。

＊＊＊ 原寸紙型使用方法 ＊＊＊

1.決定製作的作品。

◆打開製作的頁面，裡面有刊載著使用紙型的號碼。

◆準備大一點的桌子，將裁下的原寸紙型，整張攤開。

◆先確認想要製作作品的紙型號碼是什麼顏色，
　還有全部共有幾張紙型。

※重疊的線條輪廓很複雜，請先以油性筆描繪要使用的
　紙型線條後，再行描繪會較便利。

使用1號的紙型，
標示 —— 紅線輪廓，
一共3張。

2.另外描繪至別張紙。

◆請將紙型描繪至其他紙張上。

◆如左圖記載的兩種方法。

◆有的紙型同時記載了多數的下襬線，請先確認作品號碼，
　注意不要搞錯。

＊描繪紙型的注意事項

◆避免紙型和描繪的紙張移位，以文鎮或紙膠帶固定。

◆「合印記號」‧「縫製位置」‧「止縫點」‧「引導線」‧
　「布紋線」等記號均需記載，最後也須寫上紙型名稱。

＊以不透明紙張描繪時＊

將紙型放置在描繪的紙張上。
中間包夾複寫紙，使用點線器
沿著輪廓描繪。

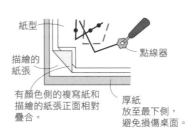

紙型

描繪的
紙張

點線器

有顏色側的複寫紙和
描繪的紙張正面相對
疊合

厚紙
放至最下側，
避免損傷桌面。

＊以透明紙張描繪時＊

紙型上方放置描圖紙，以鉛筆
描繪。

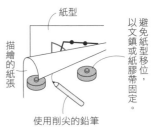

紙型

描繪的
紙張

避免紙型移位，
以文鎮或紙膠帶固定。

使用削尖的鉛筆

3.紙型加上縫份裁剪。

◆本紙型未附原寸紙型，請
　參考裁布圖，畫上縫份。

◆縫份平行完成線繪製即
　可。

◆下襬線保留空白處，摺疊
　縫份裁剪。

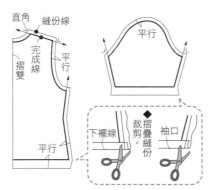

直角　縫份線
平行
完成線　平行
摺雙
平行

下襬線

袖口

◆裁剪摺疊縫份

4.裁剪布料。

◆紙型布紋線對齊布料布紋線。

◆避免紙型移動，以珠針固定。

◆請勿移動布料，改變自身位置或移動手臂裁剪。

◆細繩或腰帶的直線裁剪，均未附原寸紙型。
　依裁布圖指示，直接在布料上裁剪。

5.作上記號。

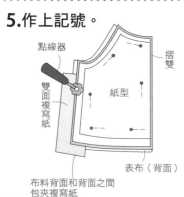

點線器

摺雙

雙面複寫紙

紙型

表布（背面）

布料背面和背面之間
包夾複寫紙

‧裁剪的布料背面朝內側重新摺疊。
‧重新摺疊紙型，以珠針固定。
‧布料中間（布料內側）包夾雙面複寫
　紙，以點線器沿著完成線描繪輪廓。
　布料背面記號完成。

盡量在寬闊
平坦的地方！

P.1 no.**1・2** 杜耳曼袖上衣&褶襉裙

1・2材料		M	L	LL
表布（交織格紋布）	寬110cm	500cm	520cm	530cm
黏著襯（FV-2N）	寬112cm	60cm	60cm	65cm
鬆緊帶	寬3.5cm	72cm	78cm	88cm
釦子	直徑1.3cm		1個	
完成尺寸				
胸圍		108cm	114cm	124cm
後身長		66.5cm	69.7cm	72.9cm
臀圍		100cm	106cm	116cm
裙長		82.5cm	85.5cm	88.5cm

關於紙型

＊上衣紙型…A面
・紙型…後片・前片・領子。
・領子貼上黏著襯。

＊裙子紙型…修改B面16紙型
・紙型…前後裙片。
・腰帶直線裁剪均未附原寸紙型，直接在布料上裁剪。

修改紙型方法

＊上衣紙型…A面
・請使用修改B面16紙型。
・改為長版。

1的紙型

⬜=1的紙型

＊1・2表布裁布圖參考P.37。

領子（表布 黏著襯・各一片）
後中心
前中心（摺雙）
褶線

從上至下3段標示數字
M
L
LL
單一數字代表共同尺寸

2的紙型

⬛=16的紙型

腰帶（表布・1片）
左脇邊
70
全體穿過76cm鬆緊帶
86
左脇邊
4.5
鬆緊帶
褶線
0.1
9
100
106
116

後片（表布・2片）
0.1
開叉止縫點
前中心（摺雙）
1.4
後基本線
0.8
開叉止縫點
1.4

前片（表布・2片）
1.4
前中心（摺雙）
止縫點
0.8
1.4

前後裙片（表布・1片）
脇邊
前後中心（摺雙）
14
14.5
15
14
14.5
15
1.9

35

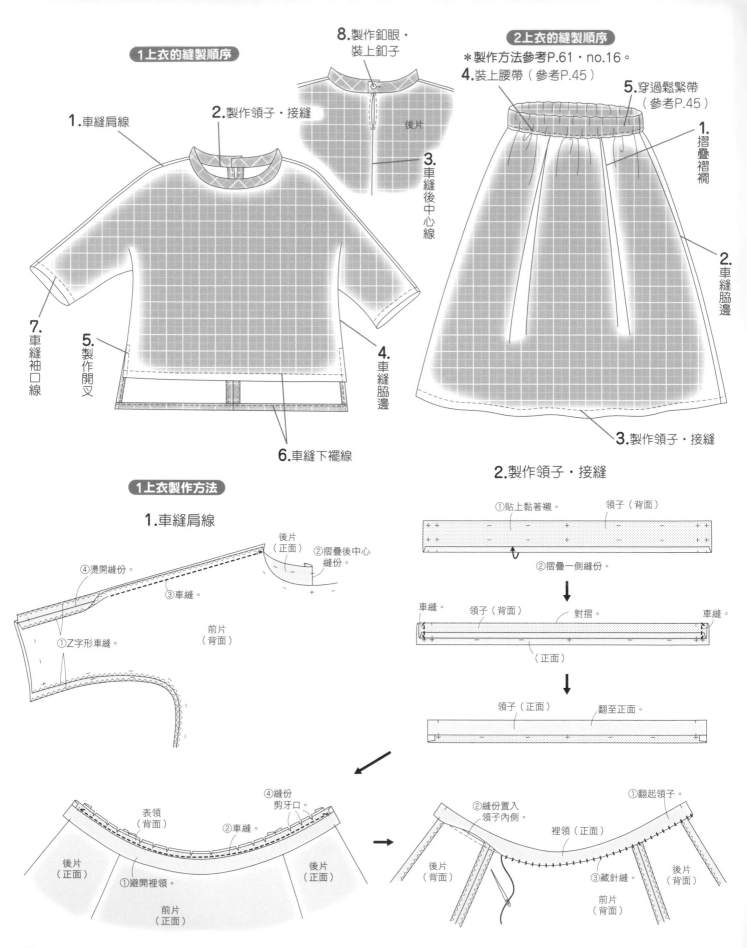

1上衣的縫製順序

1. 車縫肩線
2. 製作領子‧接縫
3. 車縫後中心線
4. 車縫脇邊
5. 製作開叉
6. 車縫下襬線
7. 車縫袖口線
8. 製作釦眼‧裝上釦子

後片

2上衣的縫製順序

＊製作方法參考P.61‧no.16。

1. 摺疊褶襉
2. 車縫脇邊
3. 製作領子‧接縫
4. 裝上腰帶（參考P.45）
5. 穿過鬆緊帶（參考P.45）

1上衣製作方法

1.車縫肩線

後片（正面）
②摺疊後中心縫份。
④燙開縫份。
③車縫。
前片（背面）
①Z字形車縫。

2.製作領子‧接縫

①貼上黏著襯。
領子（背面）
②摺疊一側縫份。

車縫。
領子（背面）
對摺。
車縫。
（正面）

領子（正面）
翻至正面。

表領（背面）
②車縫。
④縫份剪牙口。
①避開裡領。
後片（正面）
後片（正面）
前片（正面）

①翻起領子。
②縫份置入領子內側。
裡領（正面）
③藏針縫。
後片（背面）
後片（背面）
前片（背面）

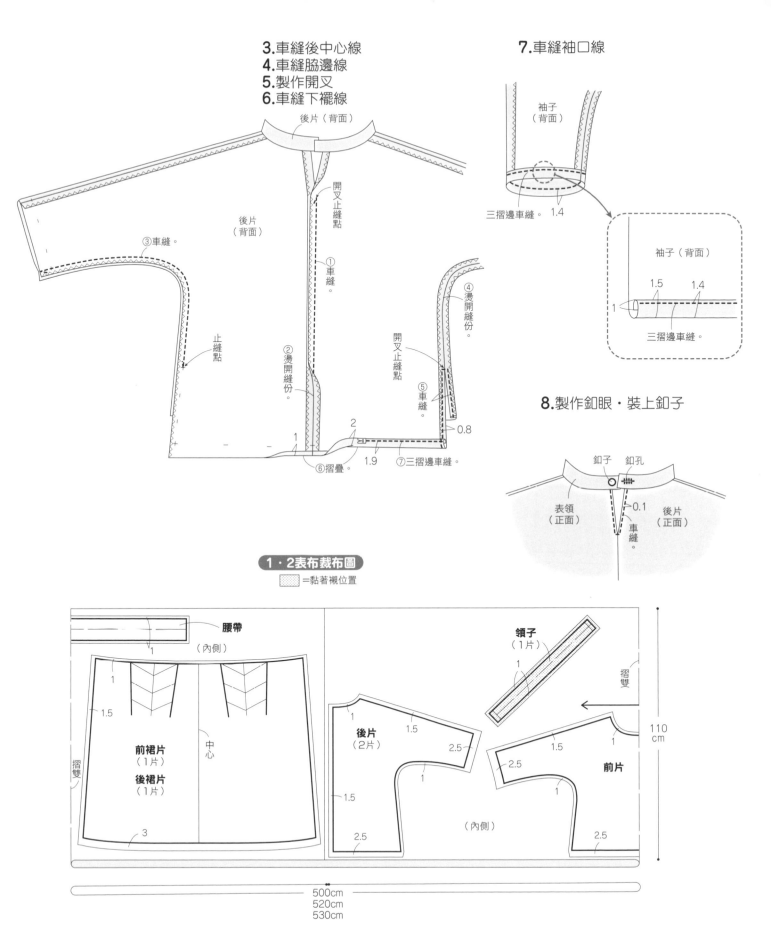

3.車縫後中心線
4.車縫脇邊線
5.製作開叉
6.車縫下襬線

7.車縫袖口線

後片（背面）

後片（背面）

③車縫。

開叉止縫點

①車縫。

止縫點

②燙開縫份。

開叉止縫點

④燙開縫份。

⑤車縫。

2

0.8

1

1.9

⑥摺疊。

⑦三摺邊車縫。

袖子（背面）

三摺邊車縫。 1.4

袖子（背面）

1.5   1.4

1

三摺邊車縫。

8.製作釦眼‧裝上釦子

釦子   釦孔

表領（正面）

0.1

車縫。

後片（正面）

1‧2表布裁布圖

=黏著襯位置

腰帶

（內側）

1

領子（1片）

1

摺雙

前裙片（1片）

後裙片（1片）

1

1.5

中心

摺雙

3

後片（2片）

1

1.5

2.5

1

1.5

2.5

（內側）

前片

1

1.5

2.5

1

1.5

2.5

110 cm

摺雙

500cm
520cm
530cm

3・24材料

3・24材料		M	L	LL
3表布（羊毛壓縮針織布）	寬110cm	190cm	200cm	210cm
24黏著襯（棉Polyester斜紋布）	寬112cm	220cm	230cm	240cm
鬆緊帶	寬3cm	72cm	78cm	88cm
完成尺寸				
臀圍		106cm	112cm	122cm
褲長		78cm	81.5cm	84cm

關於紙型

＊紙型…B面3・24。

・紙型…後褲管・前褲管・袋布

3・24的紙型

□=3・24 的紙型

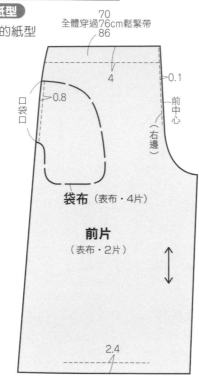

後中心
（右邊）
0.1
4
穿過鬆緊帶

後褲管
（表布・2片）

2.4

70
全體穿過76cm鬆緊帶
86
4
0.1
前中心
（右邊）

0.8
口袋
口袋口

袋布（表布・4片）

前片
（表布・2片）

2.4

3・24的衣縫製順序

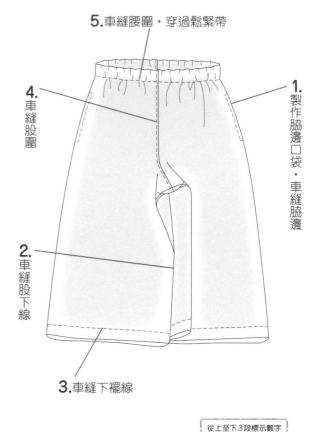

5.車縫腰圍・穿過鬆緊帶

4.車縫股圍

1.製作脇邊口袋・車縫脇邊

2.車縫股下線

3.車縫下襬線

從上至下3段標示數字
M
L
LL
單一數字代表共同尺寸

3 表布的裁布圖

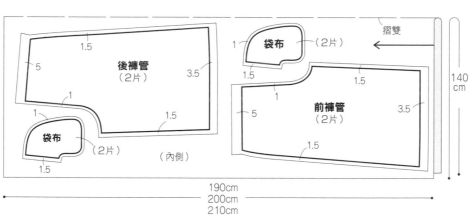

摺雙

後褲管（2片）
1.5
5
3.5
1
1
1.5
袋布（2片）
1.5
袋布（2片）
1
1.5
（內側）
140cm

190cm
200cm
210cm

24 表布的裁布圖

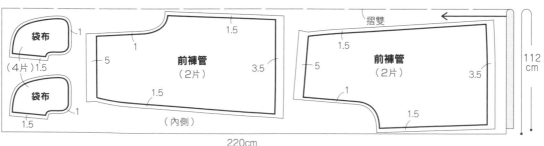

摺雙

袋布
1
5
（4片）1.5
袋布
1.5
1
前褲管（2片）
1.5
1
5
3.5
1.5
（內側）
前褲管（2片）
1.5
5
1
3.5
1.5
112cm

220cm
230cm
240cm

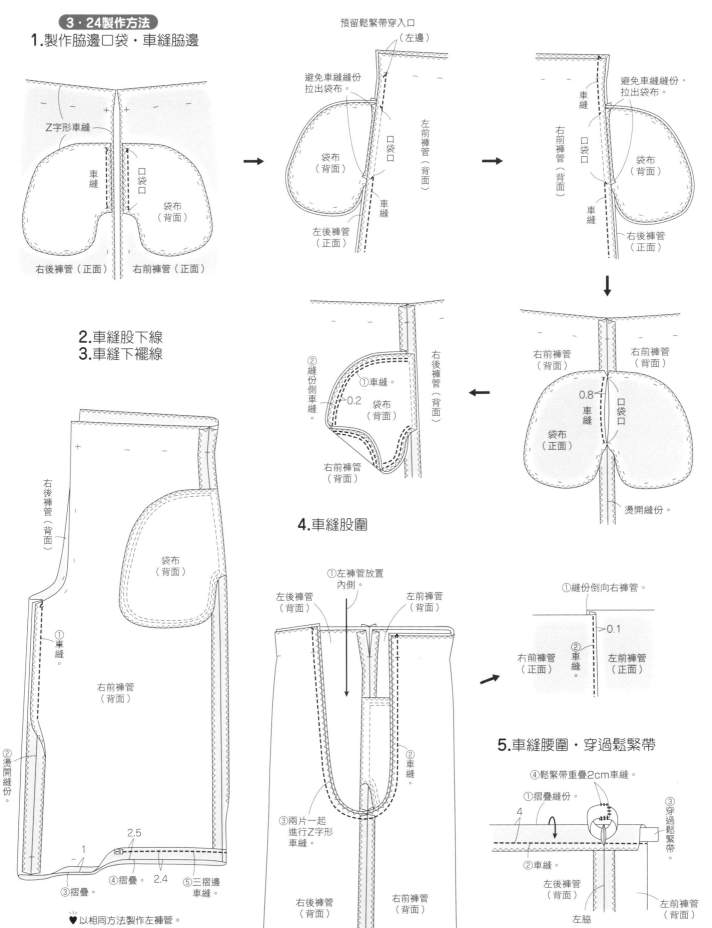

1.製作脇邊口袋‧車縫脇邊

Z字形車縫
車縫
口袋口
袋布（背面）
右後褲管（正面）　右前褲管（正面）

預留鬆緊帶穿入口
（左邊）
避免車縫縫份拉出袋布。
袋布（背面）
口袋口
車縫
左前褲管（背面）
左後褲管（正面）
車縫

避免車縫縫份，拉出袋布。
車縫
右前褲管（背面）
口袋口
袋布（背面）
車縫
右後褲管（正面）

右前褲管（背面）
右前褲管（背面）
0.8
車縫
口袋口
袋布（正面）
燙開縫份。

2.車縫股下線
3.車縫下襬線

②縫份側車縫。
①車縫。
0.2
袋布（背面）
右後褲管（背面）
右前褲管（背面）

右後褲管（背面）
袋布（背面）
右前褲管（背面）
①車縫。
②燙開縫份。
2.5
1
③摺疊。
④摺疊。　2.4
⑤三摺邊車縫。

♥以相同方法製作左褲管。

4.車縫股圍

①左褲管放置內側。
左後褲管（背面）
左前褲管（背面）
②車縫。
③兩片一起進行Z字形車縫。
右後褲管（背面）
右前褲管（背面）

①縫份倒向右褲管。
0.1
右前褲管（正面）
②車縫。
左前褲管（正面）

5.車縫腰圍‧穿過鬆緊帶

④鬆緊帶重疊2cm車縫。
①摺疊縫份。
4
③穿過鬆緊帶。
②車縫。
左後褲管（背面）
左前褲管（背面）
左脇

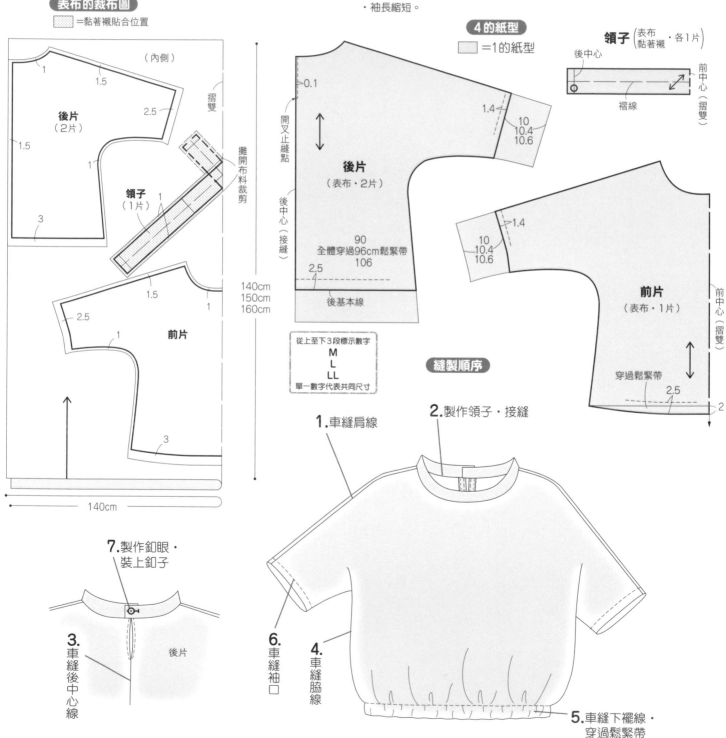

P.6 no.4 縮腰上衣

4材料		M	L	LL
表布（寬幅棉質青年布）	寬140cm	140cm	150cm	160cm
黏著襯（FV-2N）	寬112cm	60cm	60cm	65cm
鬆緊帶	寬1.5cm	92cm	98cm	108cm
釦子	直徑1.3cm		1個	
完成尺寸				
胸圍		108cm	114cm	124cm
身長		58.5cm	61.5cm	64.5cm

表布的裁布圖
▨=黏著襯貼合位置

（內側）

後片（2片） 1 1.5 2.5 1.5 1 3 摺雙

領子（1片） 攤開布料裁剪

前片 1.5 2.5 1 1 3

140cm
150cm
160cm

140cm

關於紙型
* 紙型…修改A面1。
・紙型…後片・前片・領子
・領子貼上黏著襯。

修改紙型方法
・以A面1紙型修改使用。
・前後身片改為直布紋。
・後身長縮短至後基本線處。
・前身片的前中心線長延長2cm。
・袖長縮短。

4的紙型
▨=1的紙型

領子 (表布 黏著襯・各1片)
後中心 前中心
摺線（摺雙）

後片（表布・2片）
0.1
1.4
10
10.4
10.6
開叉止縫點
後中心（接縫）
2.5
90
全體穿過96cm鬆緊帶
106
後基本線

從上至下3段標示數字
M
L
LL
單一數字代表共同尺寸

前片（表布・1片）
10
10.4
10.6
1.4
前中心（摺雙）
穿過鬆緊帶
2.5
2

縫製順序

1. 車縫肩線
2. 製作領子・接縫
3. 車縫後中心線
4. 車縫脇線
5. 車縫下襬線・穿過鬆緊帶
6. 車縫袖口
7. 製作釦眼・裝上釦子

後片

* 詳細作法參考 P.35 no.1。

4 的製作方法

3.車縫後中心線
4.車縫脇線

5.車縫下襬線‧
穿過鬆緊帶

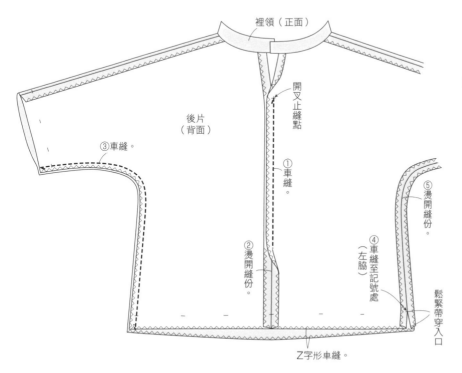

裡領（正面）

開叉止縫點

① 車縫。

② 燙開縫份。

③ 車縫。

後片（背面）

④ 車縫至記號處（左脇）

⑤ 燙開縫份。

鬆緊帶穿入口

Z 字形車縫。

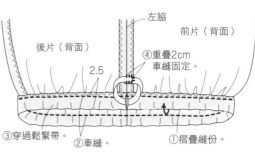

左脇

前片（背面）

後片（背面）

④ 重疊 2cm 車縫固定。

2.5

③ 穿過鬆緊帶。

② 車縫。

① 摺疊縫份。

---

6 的縫製順序

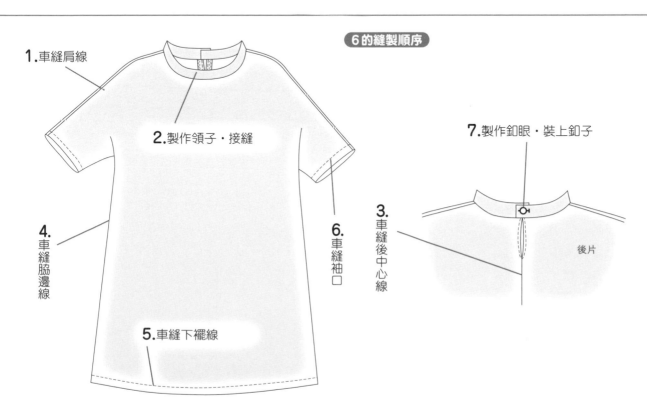

1.車縫肩線

2.製作領子‧接縫

4.車縫脇邊線

5.車縫下襬線

6.車縫袖口

7.製作釦眼‧裝上釦子

3.車縫後中心線

後片

6材料		M	L	LL
表布（羊毛）	寬143cm	210cm	230cm	240cm
黏著襯	寬112cm	60cm	60cm	65cm
釦子	直徑1.3cm		1個	
完成尺寸				
胸圍		108cm	114cm	124cm
身長		98cm	102cm	106cm

關於紙型

＊紙型…修改A面1紙型。
・紙型…後片・前片・領子
・領子貼上黏著襯。

修改紙型方法

・請使用修改A面1紙型。
・改為長版。
・袖子改短。

6的紙型

▭＝1的紙型

＊詳細作法參考P.35 no.1
＊縫製順序參考P.41

表布的裁布圖

▨＝黏著襯貼合位置

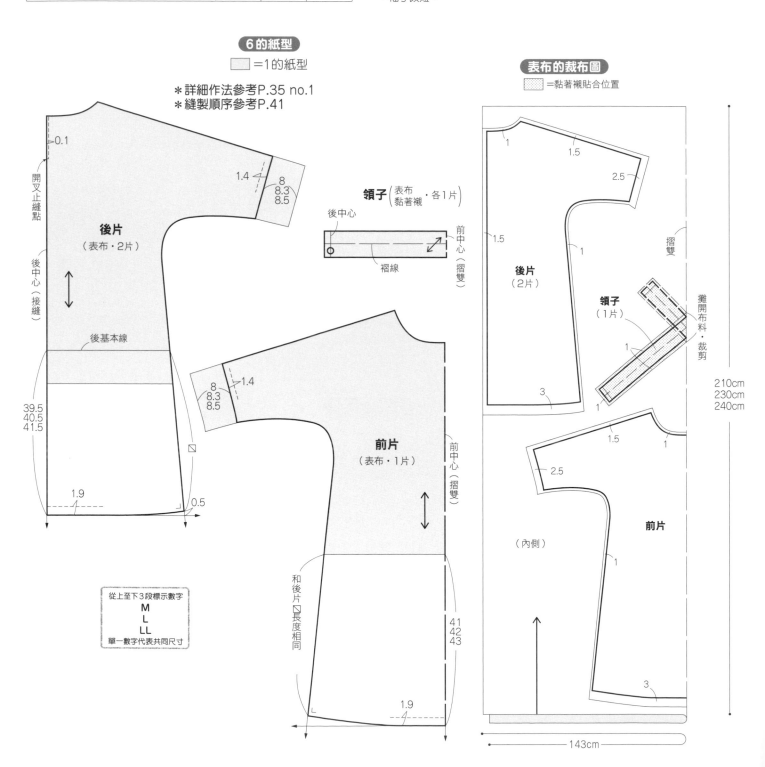

領子（表布・黏著襯・各1片）

從上至下3段標示數字
M
L
LL
單一數字代表共同尺寸

5・26材料		M	L	LL
5表布（彈性沙典布）	寬120cm	200cm	220cm	230cm
26表布（Polyester Gaberdine）	寬140cm	180cm	190cm	200cm
26表布（棉毛混斜紋布）	寬112cm	230cm	240cm	250cm
表布（棉毛混斜紋布）	3cm	72cm	78cm	88cm
完成尺寸				
臀圍		101.8cm	107.2cm	116.8cm
褲長		89cm	92.5cm	95cm

關於紙型

＊紙型…褲子使用B面5・26・32。袋布B面.3・24。
・紙型…no.5・26・32後褲管・前褲管・no.3・24：袋布
・腰帶直線裁剪均未附原寸紙型，直接裁剪布料。

5・26・32的紙型

□=5・26・32的紙型
■=3的紙型

從上至下3段標示數字
M
L
LL
單一數字代表共同尺寸

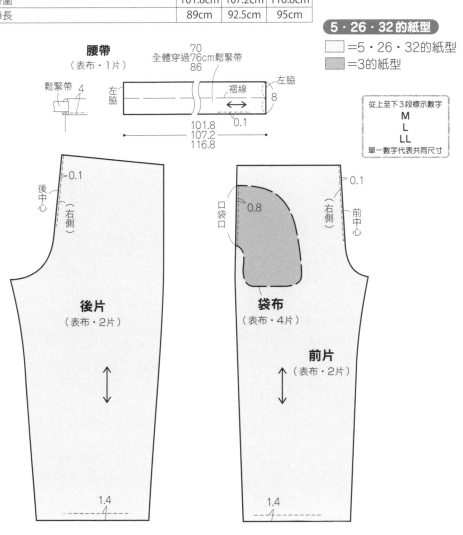

腰帶
（表布・1片）

全體穿過76cm鬆緊帶
70
86

鬆緊帶 4
左脇　左脇　褶線　左脇
8
101.8
107.2
116.8
0.1

後片
（表布・2片）
0.1
後中心
（右側）
1.4

前片
（表布・2片）
袋布
（表布・4片）
0.8
口袋口
（右側）
（前中心）
0.1
1.4

26表布的裁布圖

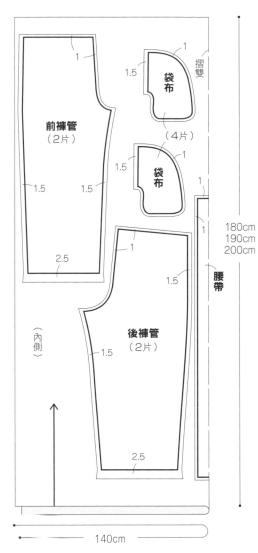

前褲管
（2片）
1.5　1　1.5
1　1.5　1.5
袋布
（4片）
1.5
袋布
1.5　1
摺雙
2.5
1
1.5
（內側）
後褲管
（2片）
1.5
2.5
腰帶
1
180cm
190cm
200cm
140cm

5表布的裁布圖

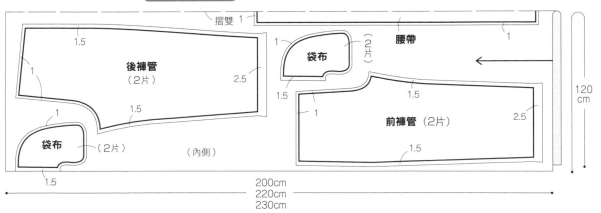

摺雙 1
腰帶
1
後褲管
（2片）
1.5
1
1.5
2.5
袋布
（2片）
1.5
袋布
1.5　1
（2片）
1
前褲管（2片）
1.5
2.5
1.5
1.5
（內側）
200cm
220cm
230cm
120cm

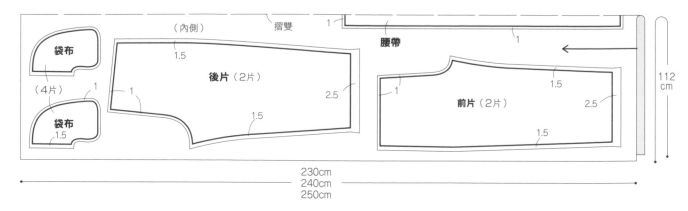

5 · 26 · 32 的作法

＊口袋詳細作法參考P.39 no.3 · 24。

2.車縫股下線

3.車縫股圍

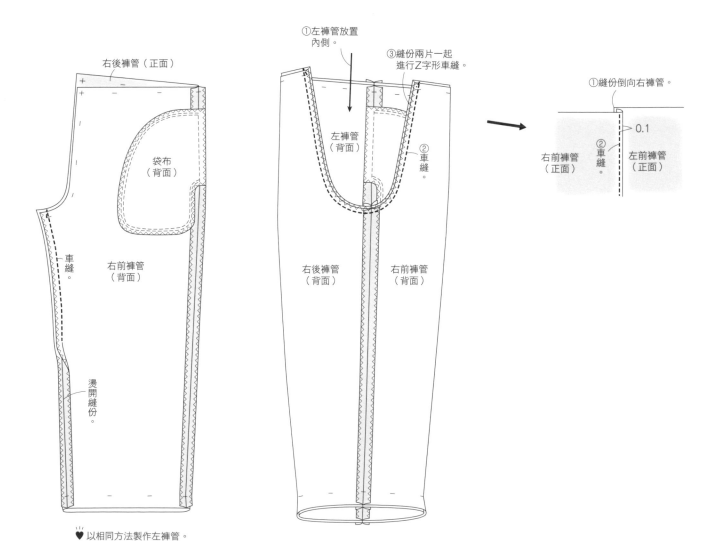

♥以相同方法製作左褲管。

4.車縫下襬線

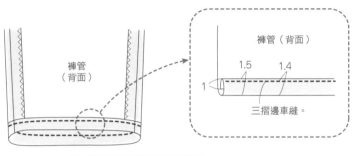

褲管（背面）

褲管（背面）

1.5　1.4

1

三摺邊車縫。

5.車縫腰帶

（正面）

車縫

腰帶（背面）

0.5

鬆緊帶穿入口

車縫。

對摺。

↓

（正面）　燙開縫份。

腰帶（背面）

0.8

摺疊

↓

右脇　車縫。（背面）

腰帶（背面）

左脇

左前褲管（正面）　左後褲管（正面）

↓

腰帶（正面）

①對摺。　②從正面車縫。

0.1

（背面）

左脇

左後褲管（背面）　袋布（背面）　左前褲管（背面）

5・26・32的縫製順序

5.車縫腰帶

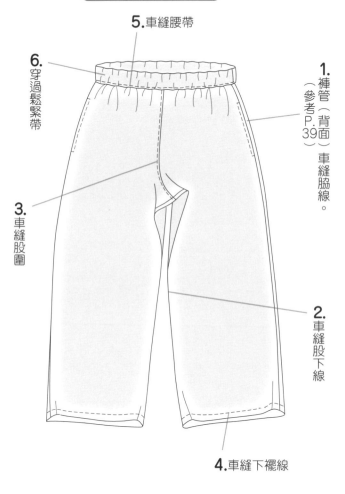

6.穿過鬆緊帶

3.車縫股圍

1.褲管（背面）（參考P.39）車縫脇線。

2.車縫股下線

4.車縫下襬線

6.穿過鬆緊帶

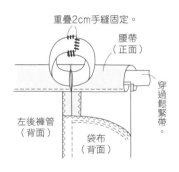

重疊2cm手縫固定。

腰帶（正面）

穿過鬆緊帶。

左後褲管（背面）　袋布（背面）

8材料		Free Size
表布（棉雙色天竺針織布）	寬90cm	90cm
斜布條（二摺）	寬1.27cm	約120cm
完成尺寸		
後衣長		75cm

關於紙型

＊紙型…袖襱紙型參考P.47
・身片未附原寸紙型，描繪製圖製作紙型。

作法

1.袖襱車縫斜布條

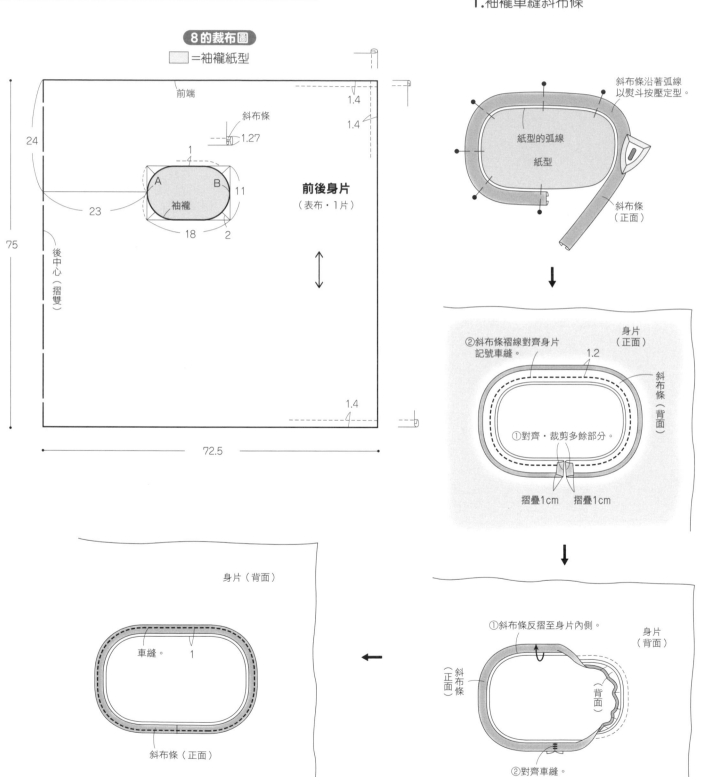

8的裁布圖

□＝袖襱紙型

前端

1.4
1.4

24

斜布條
1.27

1
4

A   B   11

23

袖襱

18   2

前後身片
（表布・1片）

75

後中心（摺雙）

1.4
4

72.5

斜布條沿著弧線
以熨斗按壓定型。

紙型的弧線

紙型

斜布條
（正面）

②斜布條褶線對齊身片
記號車縫。

身片
（正面）

1.2

斜布條（背面）

①對齊・裁剪多餘部分。

摺疊1cm   摺疊1cm

身片（背面）

車縫。   1

斜布條（正面）

①斜布條反摺至身片內側。

身片
（背面）

斜布條（正面）

（背面）

②對齊車縫。

表布的裁布圖

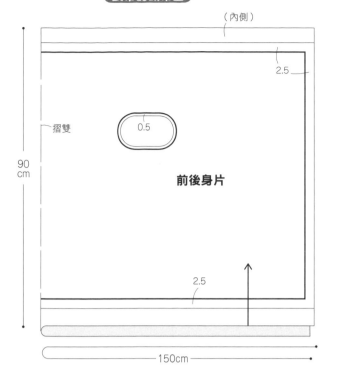

（內側）

2.5

摺雙

90cm

0.5

前後身片

2.5

150cm

原寸袖襱紙型

2.周圍三摺邊車縫

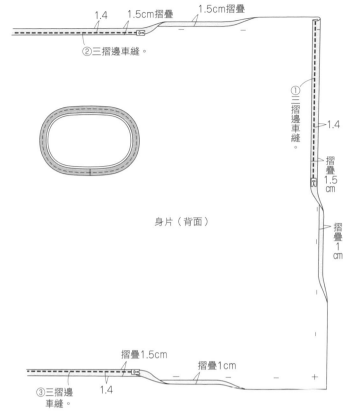

1.4　1.5cm摺疊　1.5cm摺疊

②三摺邊車縫。

身片（背面）

①三摺邊車縫。

1.4

摺疊1.5cm

摺疊1cm

摺疊1.5cm　　摺疊1cm

③三摺邊車縫。　1.4

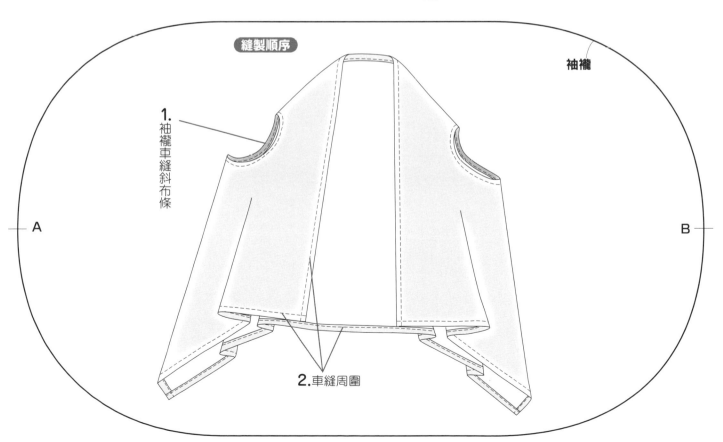

縫製順序

袖襱

1. 袖襱車縫斜布條

A

B

2.車縫周圍

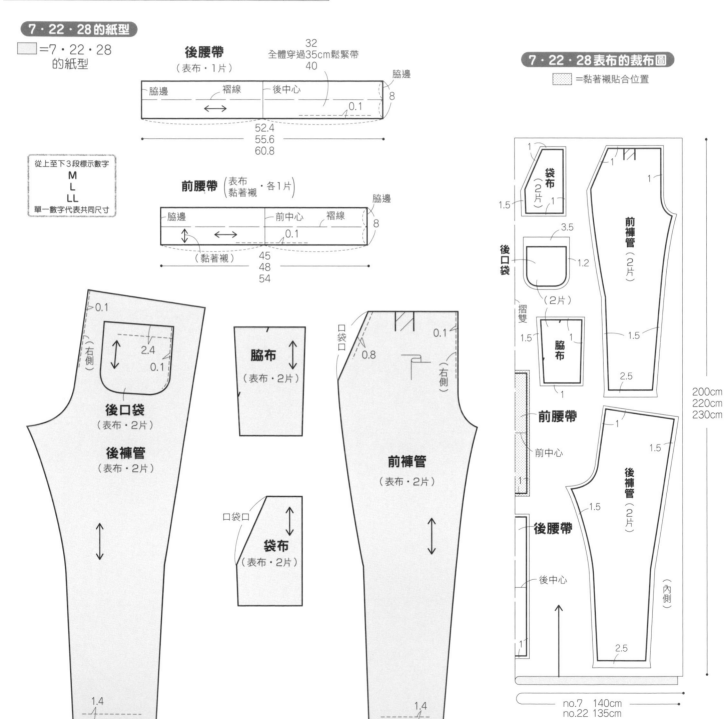

關於紙型

＊紙型…A面7・22・28。
・紙型…後褲管・前褲管・脇布・袋布・後口袋
・前後腰帶直線裁剪均未附原寸紙型，直接在布料上裁剪。
・腰帶貼上黏著襯。

8・22・28材料		M	L	LL
7表布（細針針織布）	寬140cm	200cm	220cm	230cm
22表布（彈性布）	寬135cm	200cm	220cm	230cm
28表布（格紋沙典彈性布）	寬124cm	200cm	220cm	230cm
鬆緊腰帶	寬3cm	34cm	37cm	42cm
黏著襯	寬60cm		20cm	
完成尺寸				
臀圍		97.4cm	103.6cm	114.8cm
褲長		96cm	100cm	103cm

7・22・28的紙型

□＝7・22・28 的紙型

從上至下3段標示數字
M
L
LL
單一數字代表共同尺寸

7・22・28表布的裁布圖

▨＝黏著襯貼合位置

後腰帶
（表布・1片）

全體穿過35cm鬆緊帶
32
40
脇邊
脇邊　褶線　後中心
0.1
8
52.4
55.6
60.8

前腰帶（表布・各1片 黏著襯）

脇邊
脇邊　前中心　褶線
0.1
8
（黏著襯）
45
48
54

後口袋（表布・2片）
2.4
0.1
0.1
（右側）

後褲管（表布・2片）
1.4

脇布（表布・2片）

袋布（表布・2片）
口袋口

前褲管（表布・2片）
口袋口
0.8
0.1
（右側）
1.4

no.7　140cm
no.22　135cm
no.28　124cm

200cm
220cm
230cm

袋布（2片）
1　1
1.5　1

後口袋（2片）
3.5
1.2

脇布
1.5　1
1

前腰帶
前中心

後腰帶
後中心

前褲管（2片）
1　1
1.5
2.5

後褲管（2片）
1
1.5
1.5
2.5

摺雙

（內側）

7.製作腰帶

2.製作脇邊口袋

3.摺疊褶襉

4.車縫脇線

6.車縫股圍

5.車縫股下線

9.接縫腰帶・後片穿過鬆緊帶

8.接縫腰帶・後片穿過鬆緊帶

1.製作後口袋・接縫

後ろ

1.製作後口袋・接縫

2.4　2.5

1

②三摺邊車縫。

口袋（背面）

①Z字形車縫。

口袋（背面）

0.5

以疏縫線固定弧線縫份

口袋（背面）

厚紙製作的弧線紙型

沿著厚紙弧度抽拉縫線・調整弧線，熨斗熨燙按壓固定。

後片（正面）

Z字形車縫。

0.1

口袋（正面）

車縫

3.摺疊褶襉

②縫份車縫固定。

①摺疊褶襉。

前片（正面）

2.製作脇邊口袋

車縫

袋布（背面）

前片（正面）

Z字形車縫。

①摺疊。

②側邊壓線。

0.8

袋布（正面）

Z字形車縫。

①重疊脇布。

脇布（正面）

Z字形車縫。

②疏縫線固定。

①重疊脇布和袋布車縫。

②縫份側車縫。

脇布（背面）

0.5

袋布（背面）

前片（背面）

③兩片一起進行Z字形車縫。

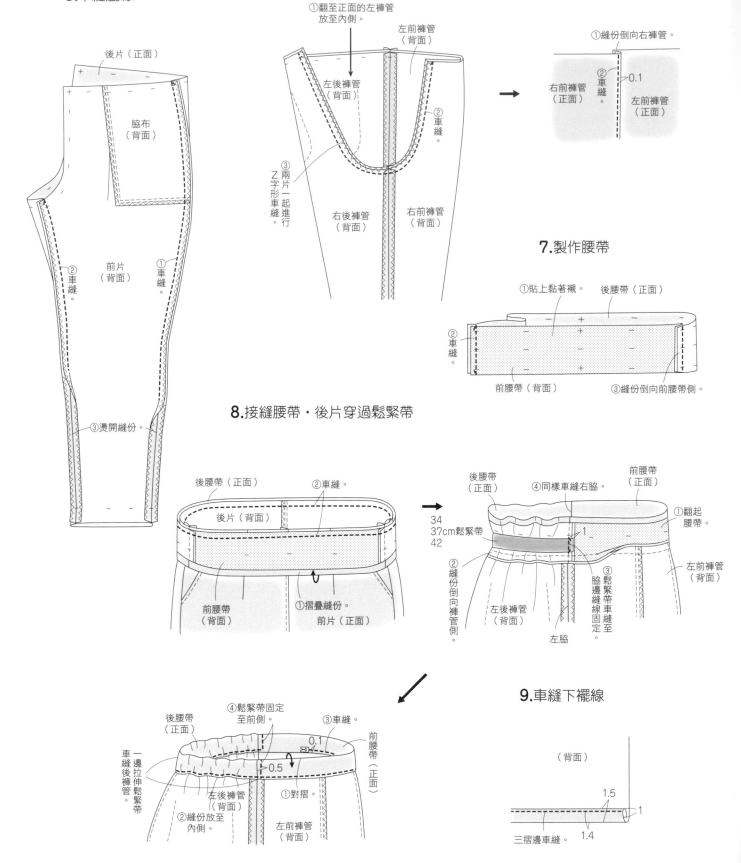

4.摺疊褶襉
5.車縫脇線

後片（正面）

脇布
（背面）

前片
（背面）

②車縫。

①車縫。

③燙開縫份。

6.車縫股下線

①翻至正面的左褲管
放至內側。

左前褲管
（背面）

左後褲管
（背面）

②車縫。

③兩片一起進行Z字形車縫。

右後褲管
（背面）

右前褲管
（背面）

①縫份倒向右褲管。

②車縫。

0.1

右前褲管
（正面）

左前褲管
（正面）

7.製作腰帶

①貼上黏著襯。

後腰帶（正面）

②車縫。

前腰帶（背面）

③縫份倒向前腰帶側。

8.接縫腰帶‧後片穿過鬆緊帶

後腰帶（正面）

②車縫。

後片（背面）

前腰帶
（背面）

①摺疊縫份。

前片（正面）

後腰帶
（正面）

④同樣車縫右脇。

前腰帶
（正面）

①翻起腰帶。

34
37cm鬆緊帶
42

②縫份倒向褲管側。

左後褲管
（背面）

③鬆緊帶車縫固定。

脇邊縫線

左脇

左前褲管
（背面）

後腰帶
（正面）

④鬆緊帶固定至前側。

③車縫。

車縫後褲管。

一邊拉伸鬆緊帶

0.1

0.5

左後褲管
（背面）

②縫份放至內側。

①對摺。

左前褲管
（背面）

前腰帶
（正面）

9.車縫下襬線

（背面）

1.5

1

三摺邊車縫

1.4

9・10材料		M	L	LL
表布（棉布）	寬140cm	390cm	400cm	430cm
黏著襯	寬60cm	20cm	20cm	25cm
鬆緊腰帶	寬3.5cm	72cm	78cm	88cm
釦子	直徑1cm		1個	
完成尺寸				
胸圍		116cm	122cm	132cm
衣長		55.5cm	58.5cm	61.5cm
臀圍		100cm	106cm	116cm
裙長		82.5cm	85.5cm	88.5cm

關於紙型

* 上衣紙型…A面9。

- 紙型…後片・前片・袖子・後貼邊・前貼邊・蝴蝶結織帶・釦絆・釦環
  未附原寸紙型，直接在布料上裁剪。
- 前後貼邊貼上黏著襯。

* 裙子紙型…修改B面16紙型。

- 紙型…前後裙片
- 腰帶直線裁剪均未附原寸紙型，直接在布料上裁剪。

修改紙型方法

- 請使用修改B面16紙型。
- 改為長版。

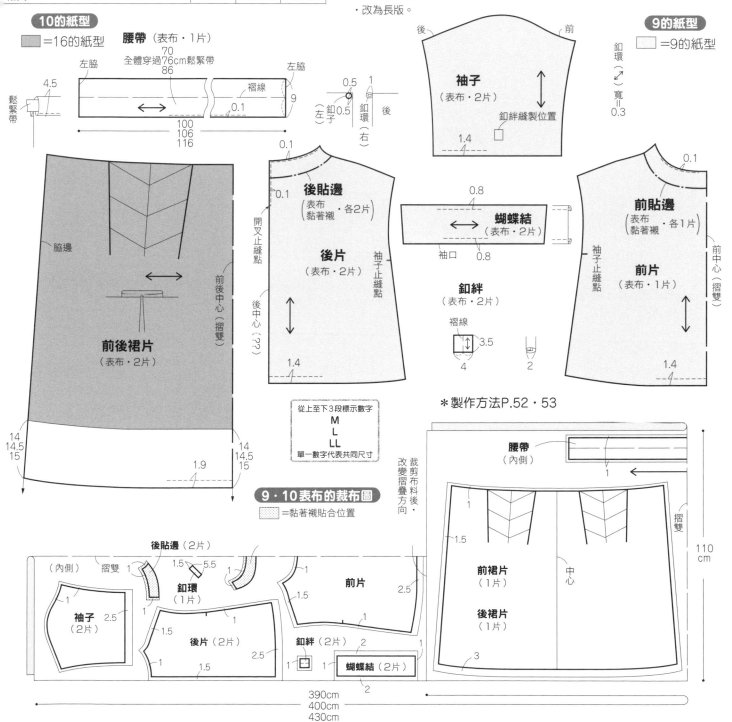

*製作方法P.52・53

從上至下3段標示數字
M
L
LL
單一數字代表共同尺寸

9・10表布的裁布圖

=黏著襯貼合位置

2.車縫肩線
3.車縫貼邊肩線
11.接縫袖子
1.製作釦環
4.包夾釦環・車縫身片和貼邊
7.車縫開叉部分
10.製作袖子
8.車縫袖口
9.製作釦絆和蝴蝶結・接縫
6.車縫脇邊線
5.車縫後中心線
12.車縫下襬線

2.車縫肩線

預留4cm。
Z字形車縫。
後片（正面）
Z字形車縫（後）。

弧線縫份剪牙口。
後片（正面）
燙開縫份。
車縫。
前片（背面）

♥ 以相同方法車縫前身片。

4.包夾釦環・車縫身片和貼邊

前貼邊（背面）
②車縫。
前片（正面）
縫份剪牙口。
後貼邊（背面）
釦環
②車縫。
左後片（正面）
右後片（正面）
④裁剪邊角縫份。
①車縫縫份。

1.製作釦環

釦環（正面）
對摺
1.5cm
約5.5cm
褶線
對摺寬度位置車縫。
0.3至0.4cm
裁剪縫份。
入口以手縫針縫合1至2針。
釦環（背面）
從針孔側穿過布料內側。
釦環（背面）
釦環（正面）
拉線翻至正面。
縫線朝內側，對摺以熨斗熨燙。

3.車縫貼邊肩線

①貼上黏著襯。
後貼邊（背面）
②Z字形車縫。

♥ 以相同方法製作前貼邊。

②剪牙口。
後貼邊（正面）
③燙開縫份。
①車縫。
前貼邊（背面）

5.車縫後中心線
6.車縫脇邊線

①貼邊反摺。
後貼邊（正面）
前片（正面）
開叉止縫點
②車縫。
後片（背面）
③燙開縫份。
④車縫。

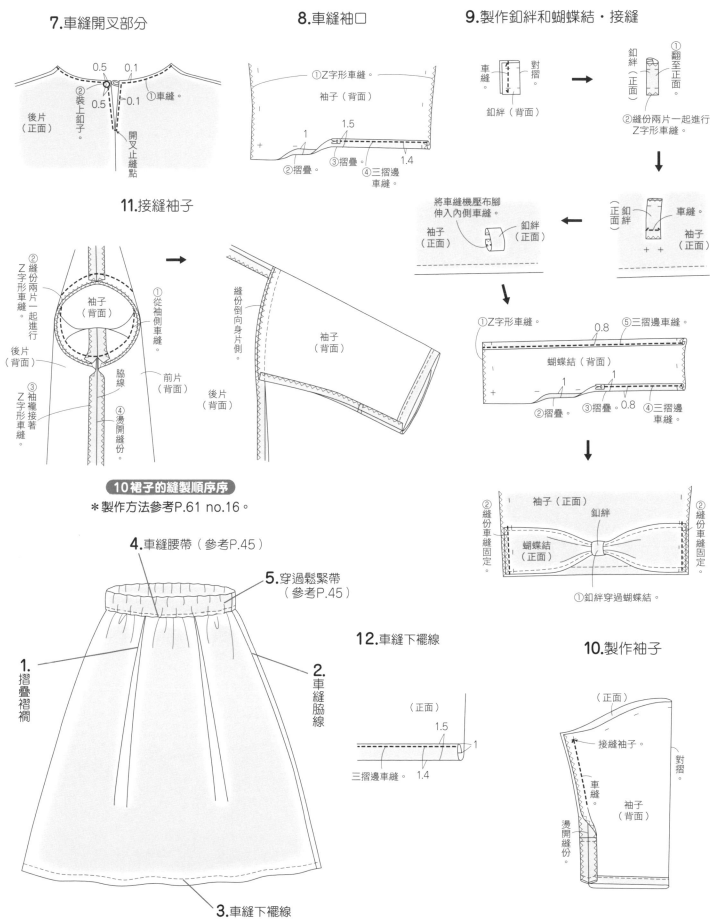

7.車縫開叉部分

0.5　0.1
②裝上釦子。
0.5　0.1
①車縫。
後片（正面）
開叉止縫點

8.車縫袖口

①Z字形車縫。
袖子（背面）
1　1.5
②摺疊。
③摺疊。
④三摺邊車縫。
1.4

9.製作釦絆和蝴蝶結・接縫

車縫。
對摺。
釦絆（背面）

釦絆（正面）
①翻至正面。
②縫份兩片一起進行Z字形車縫。

釦絆（正面）
車縫。
袖子（正面）

將車縫機壓布腳伸入內側車縫。
袖子（正面）
釦絆（正面）

①Z字形車縫。
0.8
⑤三摺邊車縫。
蝴蝶結（背面）
1　1
②摺疊。
③摺疊。
0.8
④三摺邊車縫。

袖子（正面）
釦絆
②縫份車縫固定。
蝴蝶結（正面）
②縫份車縫固定。
①釦絆穿過蝴蝶結。

11.接縫袖子

②縫份兩片一起進行Z字形車縫。
袖子（背面）
①從袖側車縫。
後片（背面）
③袖襱接著Z字形車縫。
脇線
④燙開縫份。
前片（背面）

縫份倒向身片側。
袖子（背面）
後片（背面）

10裙子的縫製順序序
＊製作方法參考P.61 no.16。

4.車縫腰帶（參考P.45）
5.穿過鬆緊帶（參考P.45）
1.摺疊褶襉
2.車縫脇線
3.車縫下襬線

12.車縫下襬線

（正面）
1.5
1
三摺邊車縫。　1.4

10.製作袖子

（正面）
接縫袖子。
對摺。
車縫。
袖子（背面）
燙開縫份。

11 · 12材料		M	L	LL
表布（Polyester/Rayon針織布）	寬140cm	230cm	260cm	290cm
黏著襯	寬112cm	20cm	20cm	25cm
釦子	直徑1cm	1個		
完成尺寸				
胸圍		116cm	122cm	132cm
衣長		98.5cm	103cm	107.5cm

關於紙型

＊連身裙紙型…A面9。
・紙型…後片・前片・袖子・後貼邊・前貼邊・蝴蝶結未附原寸紙型。
・釦環直線裁剪均未附原寸紙型，直接在布料上裁剪。
・前後貼邊貼上黏著襯。

＊脖圍紙型…未附。
・直線裁剪均未附原寸紙型，直接在布料上裁剪。

修改紙型方法
・請修改A面9紙型。
・改為長版。

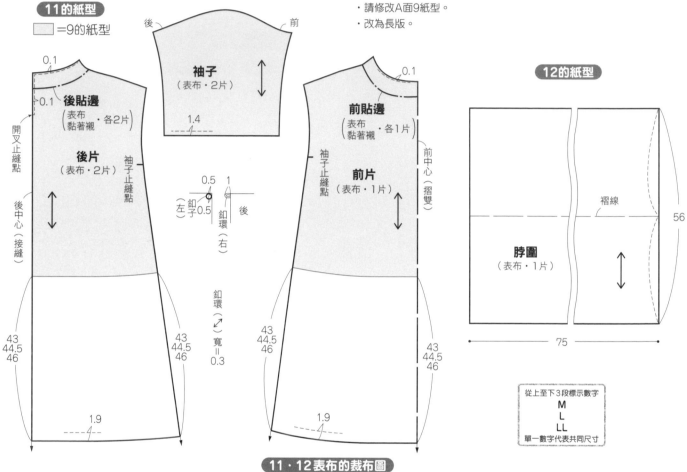

11 · 12表布的裁布圖

▨＝黏著襯貼合位置

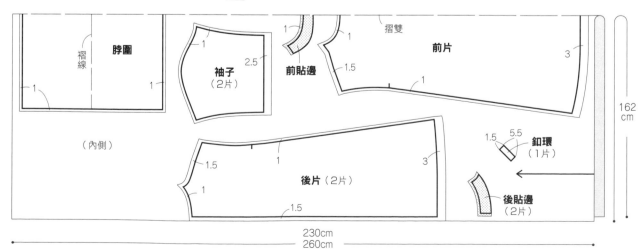

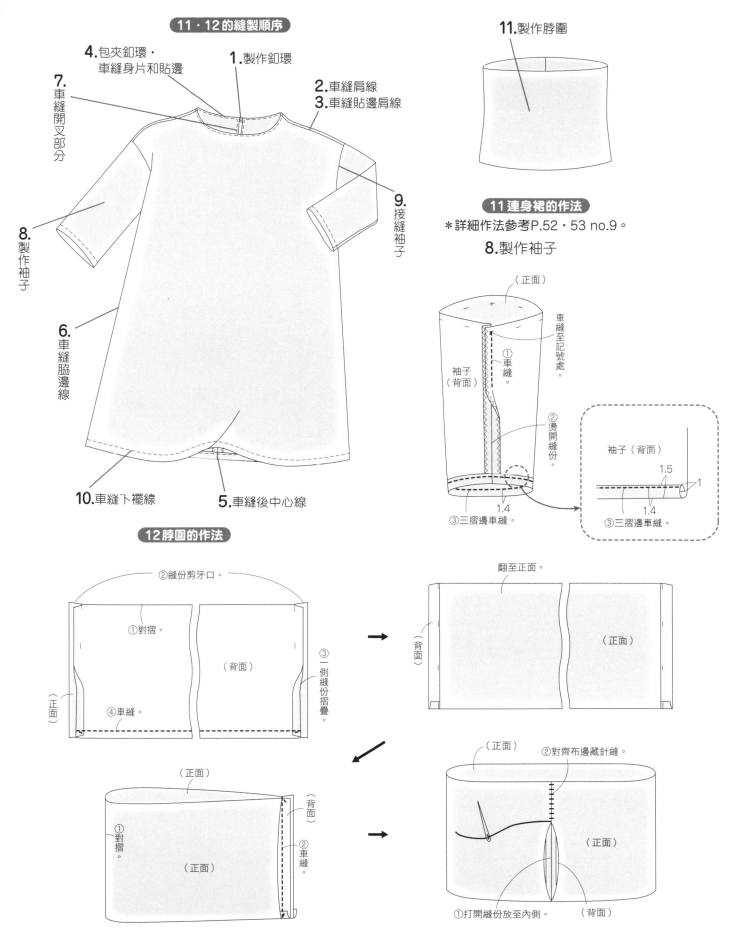

11・12的縫製順序

4.包夾鈕環・
　車縫身片和貼邊

1.製作鈕環

7.車縫開叉部分

2.車縫肩線
3.車縫貼邊肩線

9.接縫袖子

8.製作袖子

6.車縫脇邊線

10.車縫下襬線

5.車縫後中心線

12脖圍的作法

②縫份剪牙口。

①對摺。

（背面）

③一側縫份摺疊。

（正面）

④車縫。

①對摺。

（正面）

（背面）

②車縫。

11.製作脖圍

11 連身裙的作法

＊詳細作法參考P.52・53 no.9。

8.製作袖子

（正面）

車縫至記號處。

①車縫。

②燙開縫份。

袖子（背面）

1.5

1.4

1

③三摺邊車縫。

袖子（背面）

1.4

③三摺邊車縫。

翻至正面。

（背面）

（正面）

（正面）

②對齊布邊藏針縫。

（正面）

（背面）

①打開縫份放至內側。

55

13材料		M	L	LL
表布（提花先染布）	寬108cm	260cm	280cm	290cm
黏著襯	寬112cm	20cm	20cm	25cm
釦子	直徑1cm		1個	
完成尺寸				
胸圍		116cm	122cm	132cm
衣長		116.5cm	121.5cm	126.5cm

關於紙型

＊紙型…A面9。
・紙型…後片・前片・後貼邊・前貼邊・袖子・蝴蝶結未附原寸紙型。
・細繩・釦環直線裁剪均未附原寸紙型，直接在布料上裁剪。
・前後貼邊貼上黏著襯。

修改紙型方法

・請修改A面9紙型。
・改為長版。
・袖子止縫點為縫製止縫點。

13的紙型

■=9的紙型

13表布的裁布圖

▨=黏著襯貼合位置

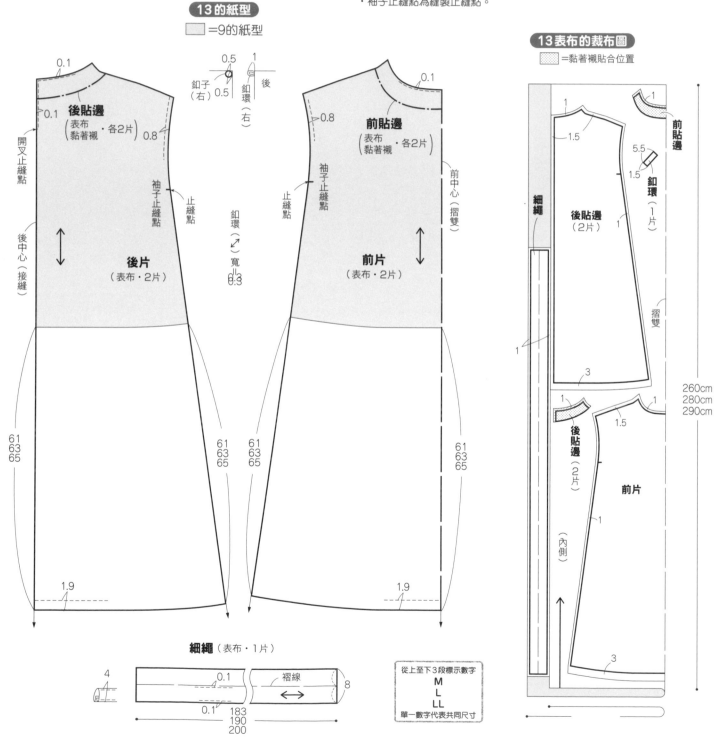

細繩（表布・1片）

從上至下3段標示數字
M
L
LL
單一數字代表共同尺寸

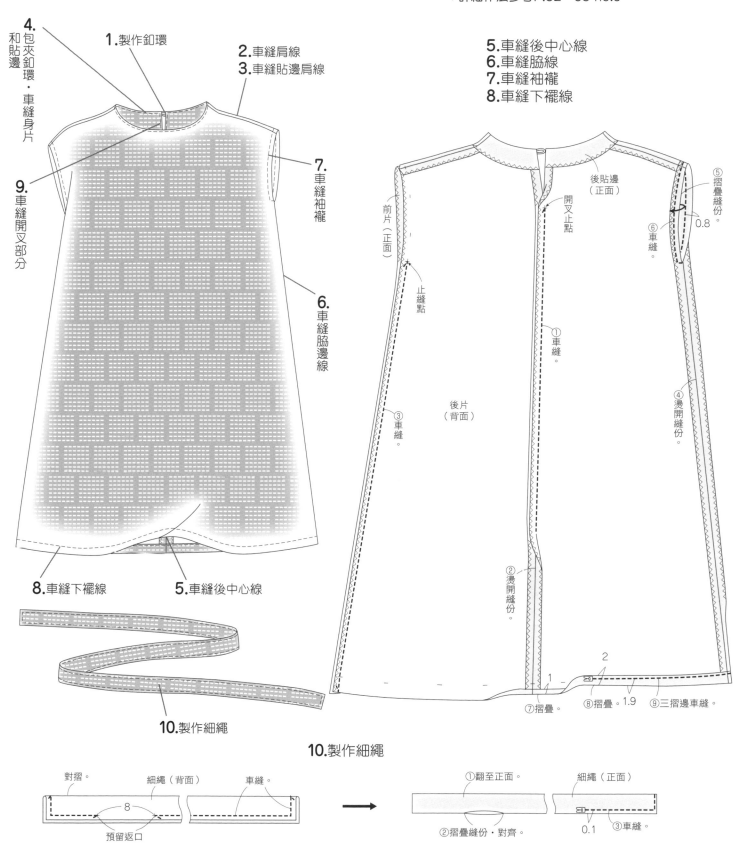

1.製作釦環

2.車縫肩線
3.車縫貼邊肩線

4.和貼邊・車縫身片 包夾釦環

9.車縫開叉部分

7.車縫袖襱

6.車縫脅邊線

8.車縫下襬線

5.車縫後中心線

10.製作細繩

作法

＊詳細作法參考P.52・53 no.9。

5.車縫後中心線
6.車縫脅線
7.車縫袖襱
8.車縫下襬線

前片（正面）

止縫點

③車縫。

後片（背面）

②燙開縫份。

開叉止點

後貼邊（正面）

①車縫。

⑤摺疊縫份。

⑥車縫。

0.8

④燙開縫份。

⑦摺疊。

1

⑧摺疊。1.9

2

⑨三摺邊車縫。

10.製作細繩

對摺。

細繩（背面）

車縫。

8

預留返口

①翻至正面。

細繩（正面）

②摺疊縫份・對齊。

0.1

③車縫。

15・16材料		M	L	LL
15表布（斜紋布）	寬110cm	200cm	210cm	220cm
16表布（印花布）	寬112cm	170cm	180cm	190cm
黏著襯（15）	寬112cm	30cm	30cm	30cm
鬆緊帶（16）	寬3.5cm	72cm	78cm	88cm
完成尺寸				
胸圍		112cm	118cm	128cm
衣長		67.5cm	70.8cm	74.1cm
裙子臀圍		100cm	106cm	116cm
裙長		68.5cm	71cm	73.5cm

關於紙型

＊上衣紙型…B面15。
・紙型…後片・前片・袖子・後貼邊・前貼邊・
・前後貼邊貼上黏著襯。

＊裙子紙型…B面16紙型。
・紙型…前後裙片
・腰帶直線裁剪均未附原寸紙型，直接在布料上裁剪。

16的紙型

▨＝16的紙型

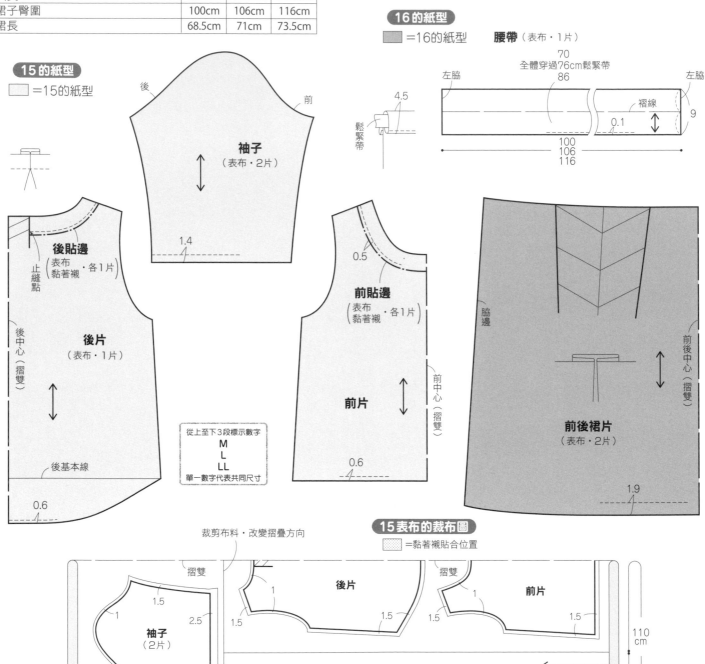

15的紙型

▢＝15的紙型

袖子
（表布・2片）

後貼邊
（表布
黏著襯・各1片）

後片
（表布・1片）

止縫點

後中心（摺雙）

後基本線

從上至下3段標示數字
M
L
LL
單一數字代表共同尺寸

前貼邊
（表布
黏著襯・各1片）

前片

前中心（摺雙）

腰帶（表布・1片）

左脇　　　70　　全體穿過76cm鬆緊帶　　86　　左脇

鬆緊帶

4.5

褶線

0.1

9

100
106
116

脇邊

前後中心（摺雙）

前後裙片
（表布・2片）

1.9

15表布的裁布圖

▨＝黏著襯貼合位置

裁剪布料・改變摺疊方向

摺雙

袖子
（2片）
（內側）

1.5
1
2.5

後片

1

摺雙

1.5

1.5

前片

1.5

（內側）

摺雙

後貼邊

1

前貼邊

1

110
cm

200cm
210cm
220cm

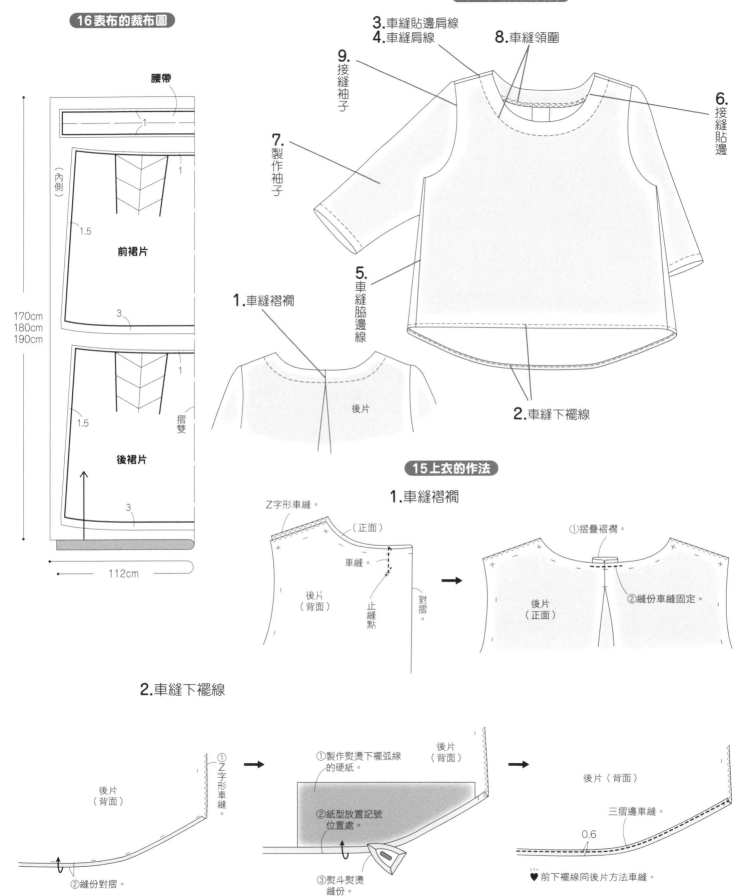

16表布的裁布圖

腰帶

（內側）

1

1

1.5

前裙片

3

1.5

摺雙

後裙片

3

170cm
180cm
190cm

112cm

15上衣的縫製順序

3.車縫貼邊肩線
4.車縫肩線
8.車縫領圍
9.接縫袖子
7.製作袖子
6.接縫貼邊
5.車縫脇邊線
1.車縫褶襉
後片
2.車縫下襬線

15上衣的作法

1.車縫褶襉

Z字形車縫。
（正面）
車縫。
後片（背面）
止縫點
對摺。

①摺疊褶襉。
②縫份車縫固定。
後片（正面）

2.車縫下襬線

後片（背面）
①Z字形車縫。
②縫份對摺。

①製作熨燙下襬弧線的硬紙。
後片（背面）
②紙型放置記號位置處。
③熨斗熨燙縫份。

後片（背面）
三摺邊車縫。
0.6

♥前下襬線同後片方法車縫。

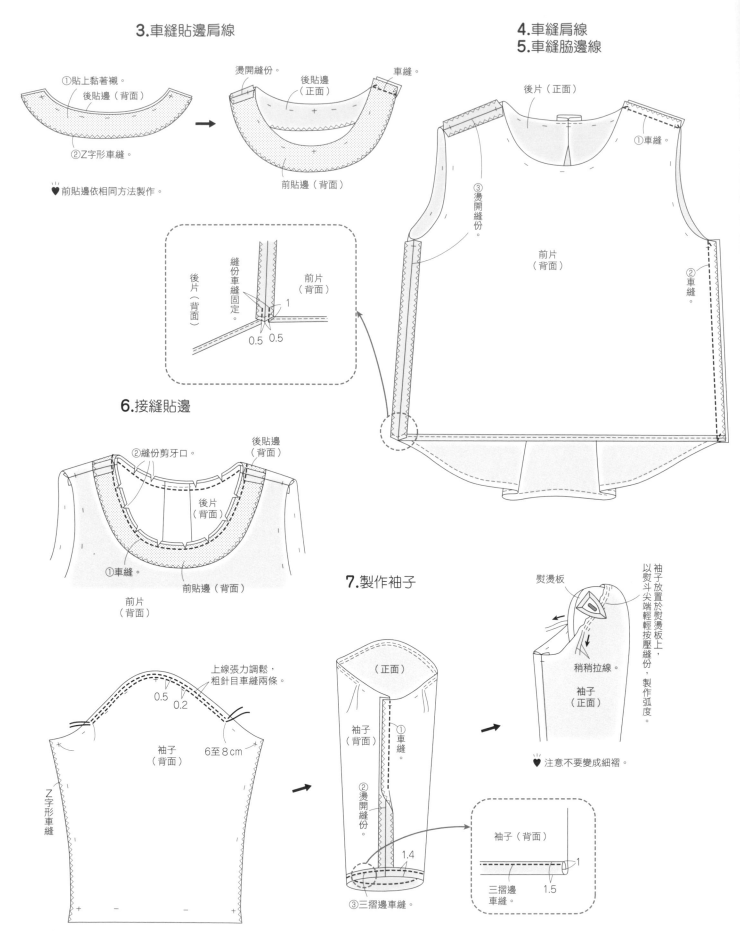

3.車縫貼邊肩線

①貼上黏著襯。
後貼邊（背面）
②Z字形車縫。

♥前貼邊依相同方法製作。

燙開縫份。
後貼邊（正面）
車縫。
前貼邊（背面）

縫份車縫固定。
後片（背面）
前片（背面）
1
0.5　0.5

4.車縫肩線
5.車縫脇邊線

後片（正面）
①車縫。
③燙開縫份。
前片（背面）
②車縫。

6.接縫貼邊

②縫份剪牙口。
後貼邊（背面）
後片（背面）
①車縫。
前貼邊（背面）
前片（背面）

7.製作袖子

上線張力調鬆，粗針目車縫兩條。
0.5　0.2
袖子（背面）
6至8cm
Z字形車縫

（正面）
袖子（背面）
①車縫。
②燙開縫份。
③三摺邊車縫。
1.4

熨燙板
袖子放置於熨燙板上，以熨斗尖端輕輕按壓縫份，製作弧度。
稍稍拉線。
袖子（正面）

♥注意不要變成細褶。

袖子（背面）
三摺邊車縫。
1
1.5

8.車縫領圍
9.接縫袖子

＊**4.**和**5.**的作法參考P.45。
1.摺疊褶襉

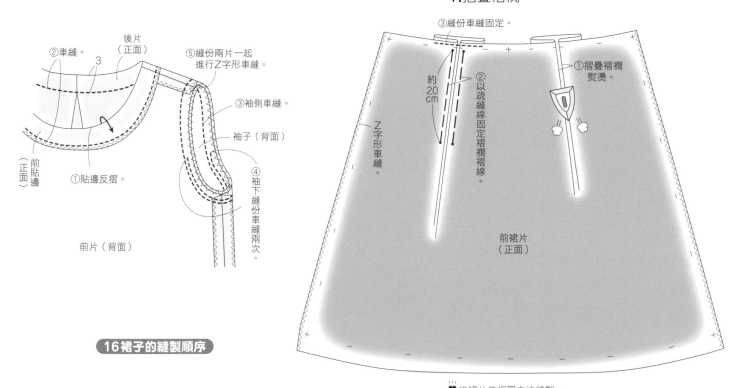

②車縫。
③縫份車縫固定。
後片（正面）
3
⑤縫份兩片一起進行Z字形車縫。
③袖側車縫。
①摺疊褶襉熨燙。
②以疏縫線固定褶襉褶線。
約20cm
袖子（背面）
Z字形車縫。
前貼邊（正面）
①貼邊反摺。
④袖下縫份車縫兩次。
前片（背面）
前裙片（正面）

♥後裙片依相同方法縫製。

16裙子的縫製順序

4.接縫腰帶（參考P.45）
5.穿過鬆緊帶（參考P.45）
1.車縫褶襉
2.車縫脇邊線
3.車縫下襬線

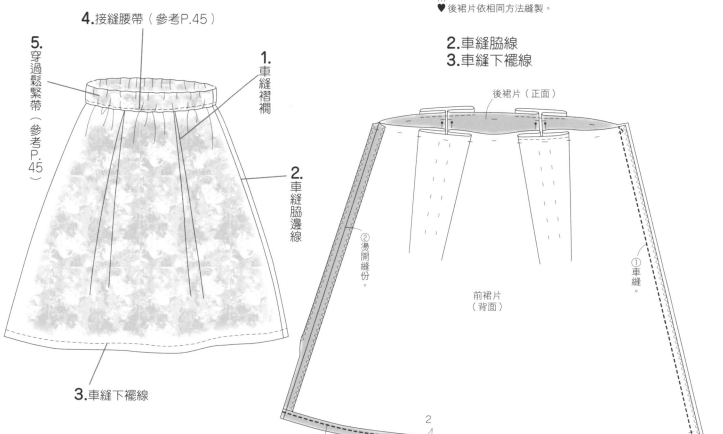

2.車縫脇線
3.車縫下襬線

後裙片（正面）
②燙開縫份。
①車縫。
前裙片（背面）
⑤三摺邊車縫。
2
1.9
④摺疊。
1
③摺疊。

17・18材料		M	L	LL
17・18表布（提花布）	寬130cm	220cm	230cm	240cm
17表布（提花布）	寬130cm	30cm	30cm	30cm
黏著襯（FV-2N・18）	寬112cm	30cm	30cm	30cm
鬆緊帶（17）	寬1.8cm		23cm	
完成尺寸				
胸圍		104cm	110cm	120cm
身長		97.5cm	101.5cm	105.5cm

關於紙型

＊連身裙紙型…修改B面15。
・紙型…後片・前片・後貼邊・前貼邊・袖子未附原寸紙型。
・斜布條未附原寸紙型，直接在布料上裁剪。
・前後貼邊貼上黏著襯。

＊髮帶紙型…無。
・直線裁剪均未附原寸紙型，直接在布料上裁剪。

修改紙型方法

・請修改B面16紙型使用。
・後中心去除褶襉設計，後中心往內側4cm移動。
・改為長版。

18的紙型

□ ＝15的紙型

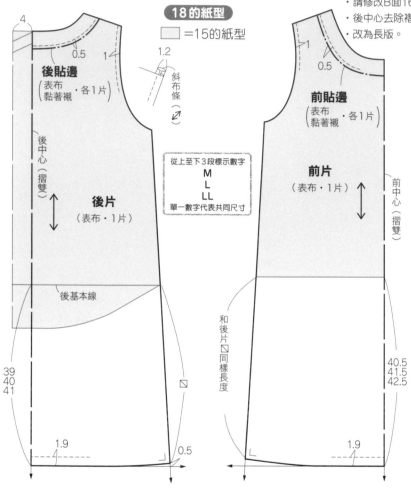

17・18表布的裁布圖

▨ ＝黏著襯貼合位置

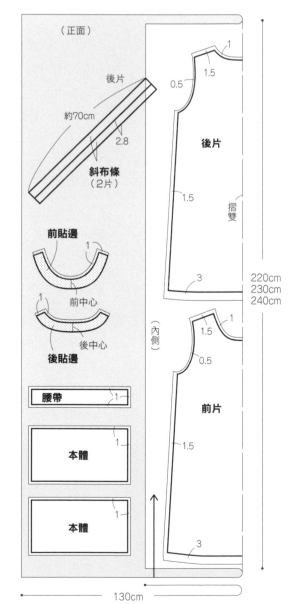

17的製圖

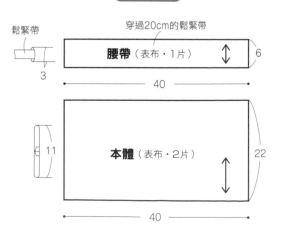

18 連身裙縫製方法

1.車縫貼邊肩線

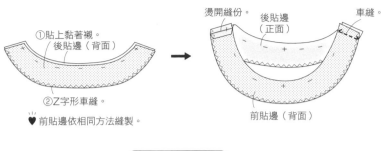

①貼上黏著襯。
後貼邊（背面）
②Z字形車縫。
♥前貼邊依相同方法縫製。

燙開縫份。
後貼邊（正面）
車縫。
前貼邊（背面）

2.車縫肩線
3.車縫脇邊線
4.車縫下襬線

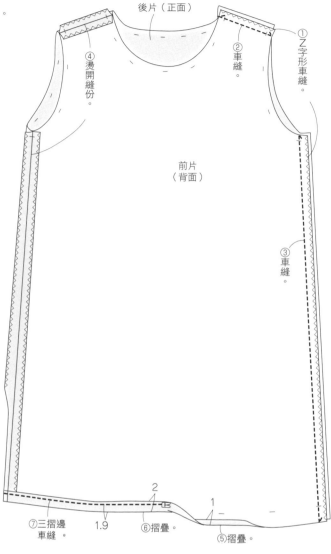

後片（正面）
④燙開縫份。
①Z字形車縫。
②車縫。
前片（背面）
③車縫。
⑦三摺邊車縫。
1.9
⑥摺疊。
2
1
⑤摺疊。

製作&縫製方法

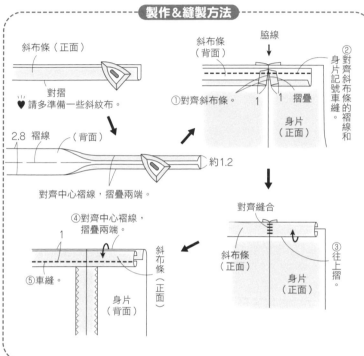

斜布條（正面）
對摺
♥請多準備一些斜紋布。

2.8 褶線（背面）
對齊中心褶線，摺疊兩端。
約1.2

斜布條（背面）
脇線
①對齊斜布條。 1 1 摺疊
身片（正面）
②對齊斜布條的褶線和身片記號車縫。

對齊縫合
斜布條（正面）
③往上摺。
身片（正面）

④對齊中心褶線，摺疊兩端。
1
⑤車縫。
斜布條（正面）
身片（背面）

5.接縫貼邊
6.袖襱車縫斜布條
7.車縫領圍

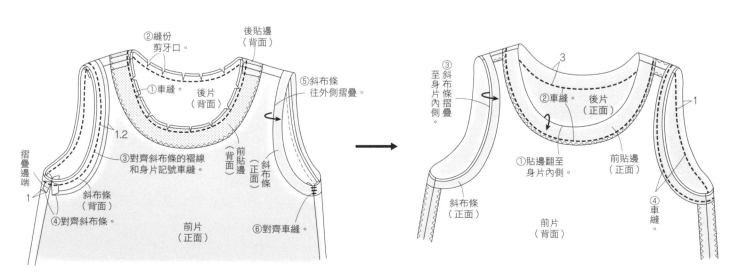

②縫份剪牙口。
後貼邊（背面）
①車縫。
後片（背面）
⑤斜布條往外側摺疊。
1.2
③對齊斜布條的褶線和身片記號車縫。
前貼邊（背面）
斜布條（正面）
摺疊邊端
1
斜布條（背面）
④對齊斜布條。
⑥對齊車縫。
前片（正面）

③斜布條摺疊至身片內側。
3
②車縫。 後片（正面）
1
①貼邊翻至身片內側。
斜布條（正面）
前貼邊（正面）
④車縫。
前片（背面）

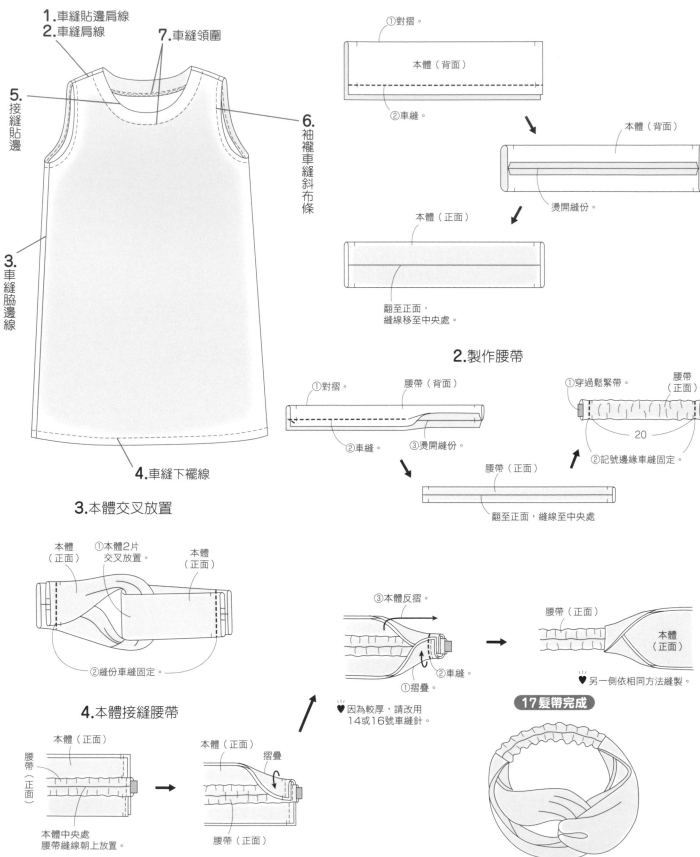

1.車縫貼邊肩線
2.車縫肩線
7.車縫領圍

5.接縫貼邊

6.袖襱車縫斜布條

3.車縫脇邊線

4.車縫下襬線

3.本體交叉放置

本體（正面）
①本體2片交叉放置。
本體（正面）
②縫份車縫固定。

4.本體接縫腰帶

本體（正面）
腰帶（正面）
本體中央處腰帶縫線朝上放置。

本體（正面）
摺疊
腰帶（正面）

1.製作本體

①對摺。
本體（背面）
②車縫。

本體（背面）
燙開縫份。

本體（正面）
翻至正面，縫線移至中央處。

2.製作腰帶

①對摺。
腰帶（背面）
②車縫。
③燙開縫份。

腰帶（正面）
翻至正面，縫線至中央處

①穿過鬆緊帶。
腰帶（正面）
20
②記號邊緣車縫固定。

③本體反摺。
②車縫。
①摺疊。

♥因為較厚，請改用14或16號車縫針。

腰帶（正面）
本體（正面）
♥另一側依相同方法縫製。

17 髮帶完成

21材料		M	L	LL
表布（Typewriter）	寬110cm	270cm	280cm	290cm
黏著襯（FV-2N）	寬112cm	30cm		
完成尺寸				
胸圍		104cm	110cm	120cm
衣長		97.5cm	101.5cm	105.5cm

關於紙型

＊紙型…修改B面15紙型。前貼邊使用B面21紙型。

・紙型…no.15 後片・前片・袖子・後貼邊・no.21前貼邊・
no.15前貼邊未附原寸紙型。

・前後貼邊貼上黏著襯。

修改紙型方法

・請修改B面15紙型。

・前片領圍製作開叉。

・後中心去除褶襉分量，後中心往內側移動4cm。

・改為長版。

21的紙型

⬜ =15的紙型
⬛ =21的紙型

表布的裁布圖

▨ =黏著襯貼合位置

從上至下3段標示數字
M
L
LL
單一數字代表共同尺寸

1. 車縫貼邊肩線
2. 車縫肩線
3. 接縫貼邊

6. 接縫袖子

4. 製作袖子

5. 車縫脇邊線

7. 車縫下襬線

作法

1.車縫貼邊肩線

③車縫。　　　　　　　　④燙開縫份

後貼邊（正面）

①貼上黏著襯。

前貼邊（背面）

②Z字形車縫。

2.車縫肩線

後片（正面）

Z字形車縫。

車縫。

燙開縫份。

前片（背面）

3.接縫貼邊

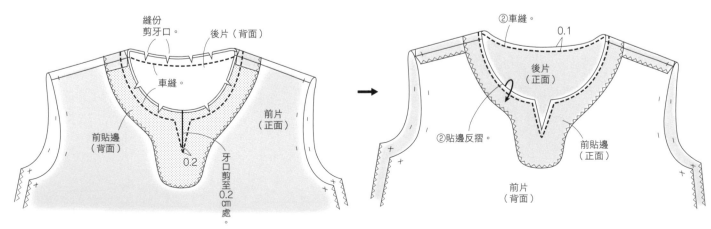

縫份剪牙口。

後片（背面）

車縫。

前貼邊（背面）

前片（正面）

0.2

牙口剪至0.2cm處。

②車縫。　　0.1

後片（正面）

②貼邊反摺。

前貼邊（正面）

前片（背面）

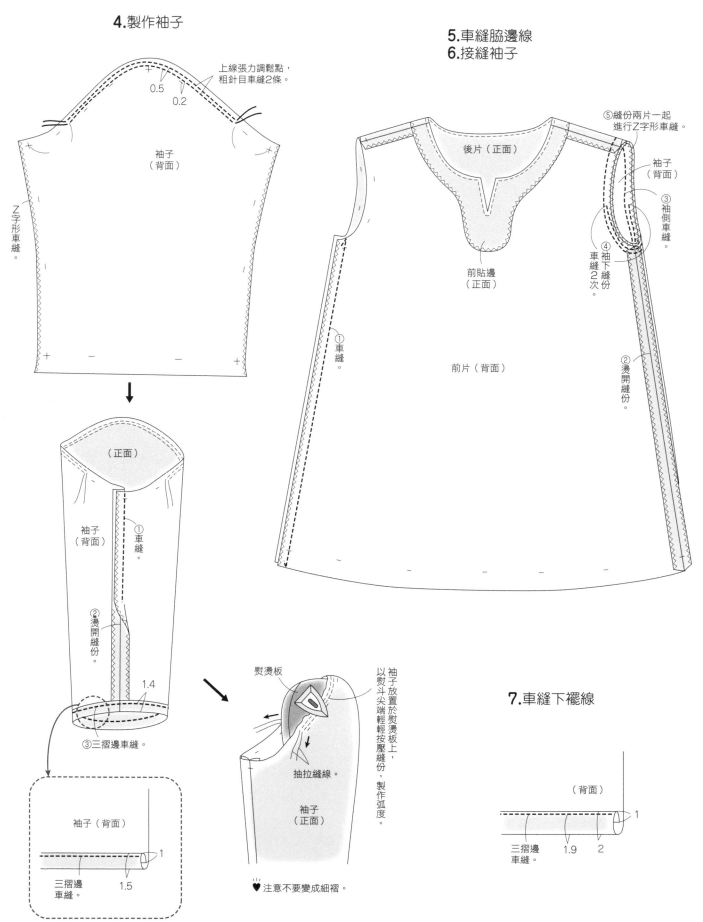

4.製作袖子

上線張力調鬆點，
粗針目車縫2條。

0.5
0.2

袖子
（背面）

Z字形車縫。

（正面）

袖子
（背面）

①車縫。

②燙開縫份。

1.4

③三摺邊車縫。

袖子（背面）

三摺邊
車縫。
1.5
1

熨燙板

抽拉縫線。

袖子
（正面）

袖子放置於熨燙板上，
以熨斗尖端輕輕按壓縫份，製作弧度。

♥注意不要變成細褶。

5.車縫脇邊線
6.接縫袖子

後片（正面）

⑤縫份兩片一起
進行Z字形車縫。

袖子
（背面）

③袖側車縫。

④袖下縫份車縫2次。

前貼邊
（正面）

①車縫。

前片（背面）

②燙開縫份。

7.車縫下襬線

（背面）

三摺邊
車縫。
1.9
2
1

19・20材料		M	L	LL
表布（羊毛條紋布）	寬148cm	230cm	240cm	250cm
黏著襯（FV-2N）	寬112cm	85cm	90cm	90cm
釦子	直徑2.5cm		1個	
暗釦	直徑1.3cm		1組	
斜布條（兩褶）	寬1.27cm		約140cm	
完成尺寸				
胸圍		112cm	118cm	128cm
衣長		52.5cm	55.2cm	57.9cm
腰圍		約74cm	約80cm	約90cm
臀圍		100cm	106cm	116cm
裙長		62.5cm	65cm	67.5cm

關於紙型

＊背心紙型…修改B面15紙型。
・紙型…後片・前片・後貼邊・前貼邊。
・袖子未附原寸紙型。
・前後貼邊貼上黏著襯。

＊裙子紙型…A面20・30紙型。
・紙型…後裙片・前裙片・後貼邊・前貼邊・右前端貼邊。
・前後貼邊貼上黏著襯。

修改紙型方法

・背心請修改B面15紙型。
・改為短版。

19背心縫製順序

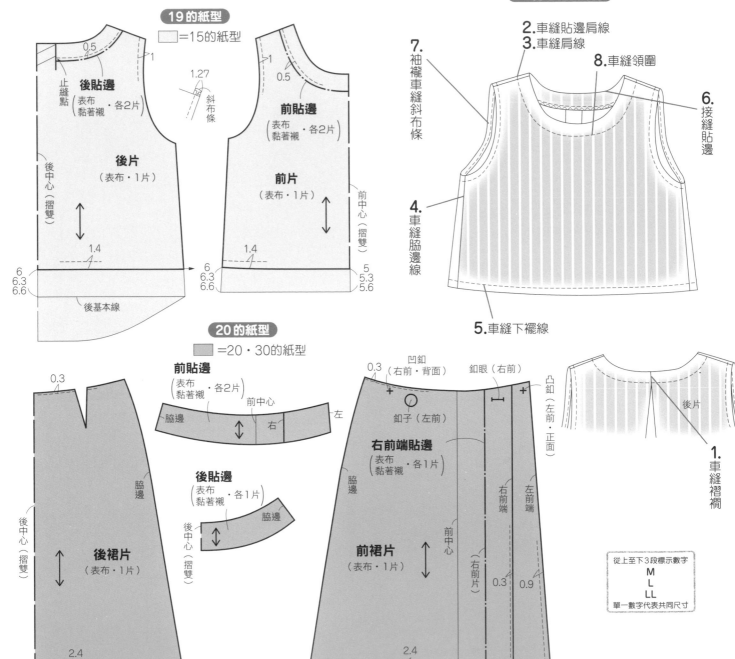

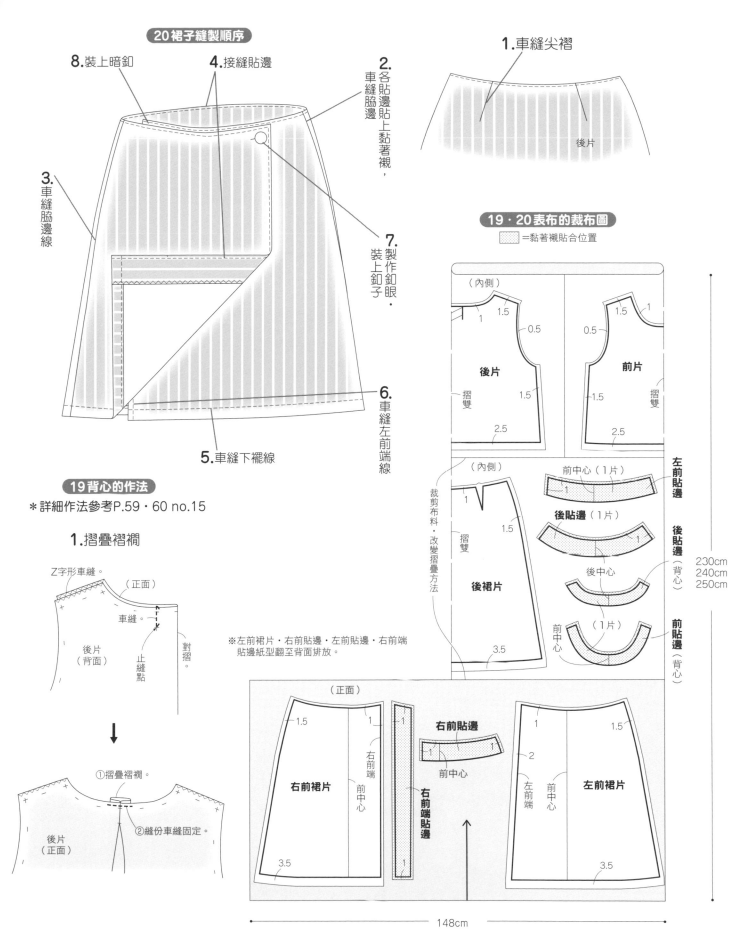

20裙子縫製順序

8.裝上暗釦

4.接縫貼邊

2.各貼邊貼上黏著襯，車縫脇邊

3.車縫脇邊線

7.製作釦眼・裝上釦子

6.車縫左前端線

5.車縫下襬線

1.車縫尖褶

後片

19・20表布的裁布圖

▨=黏著襯貼合位置

（內側）

1　1.5　1.5　1

0.5　0.5

後片　　**前片**

摺雙　1.5　1.5　摺雙

2.5　2.5

（內側）

1

1.5

摺雙

後裙片

3.5

裁剪布料，改變摺疊方法

前中心（1片）

1

後貼邊（1片）

後中心　1

（1片）

前中心

左前貼邊

後貼邊（背心）

前貼邊（背心）

230cm
240cm
250cm

19背心的作法

＊詳細作法參考P.59・60 no.15

1.摺疊褶襉

Z字形車縫。

（正面）

車縫。

後片
（背面）

止縫點

對摺

①摺疊褶襉。

②縫份車縫固定。

後片
（正面）

※左前裙片・右前貼邊・左前貼邊・右前端貼邊紙型翻至背面排放。

（正面）

1.5　1

右前裙片

右前端　前中心

3.5

右前貼邊

1　1

前中心

右前端貼邊

1　1.5

2

左前端　前中心

左前裙片

3.5

148cm

6.接縫貼邊
7.袖襱車縫斜布條

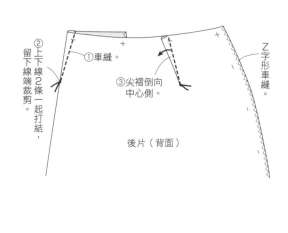

②縫份剪牙口。

後貼邊（背面）

①車縫

後片（背面）

⑤斜布條翻至身片內側。

1.2

摺疊邊端

前貼邊（背面）1

③對齊斜布條的褶線和身片記號車縫。

斜布條（背面）

④對齊斜布條。

⑥車縫。

前片（正面）

1.車縫尖褶

①車縫。

②上下線2條一起打結，留下線端裁剪。

③尖褶倒向中心側。

Z字形車縫。

後片（背面）

2.各貼邊貼上黏著襯，車縫脇邊

3.車縫脇邊線

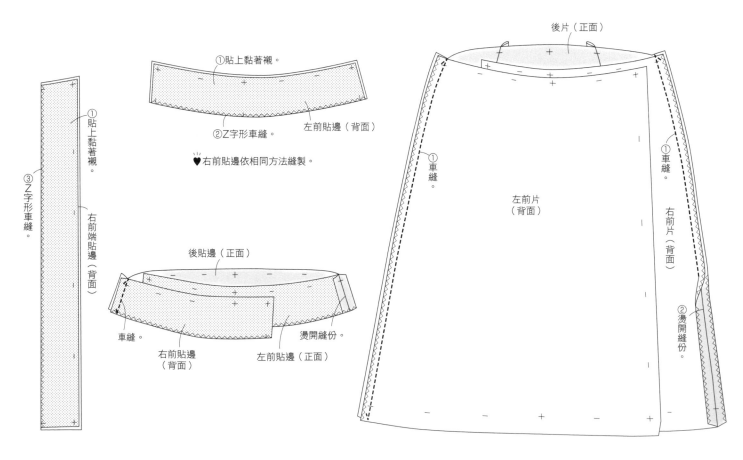

①貼上黏著襯。

②Z字形車縫。

左前貼邊（背面）

♥右前貼邊依相同方法縫製。

①貼上黏著襯。

③Z字形車縫。

右前端貼邊（背面）

後貼邊（正面）

車縫。

右前貼邊（背面）

左前貼邊（正面）

燙開縫份。

後片（正面）

①車縫。

①車縫。

左前片（背面）

右前片（背面）

②燙開縫份。

4.接縫貼邊

①車縫。
④裁剪邊角縫份。
②腰帶縫份剪牙口。

右前貼邊（背面）
右前貼邊重疊
右前片（正面）
右前端貼邊（背面）
①車縫。
①車縫。
③裁剪裙片縫份。
1.5

左前貼邊（背面）
左前片（正面）
後片（背面）
④裁剪邊角縫份。

5.車縫下襬線
6.車縫左前端線

後片（正面）
①貼邊翻至裙片內側。

左前貼邊（正面）
右前貼邊（正面）

左前片（背面）
⑦三摺邊車縫。
0.9
右前端貼邊（正面）
右前片（背面）
1
⑥摺疊。
後片（正面）
1
⑤摺疊。

2.4
2.5
④三摺邊車縫。
③摺疊。
1
②摺疊。
④三摺邊車縫。

7.製作釦眼・裝上釦子
8.裝上暗釦

②從表面製作釦眼。
0.3
①車縫。
後貼邊（正面）
0.3
①車縫。
④裝上暗釦（凹）。
右前片（背面）
④裝上暗釦（凸）。
③裝上釦子。
左前片（正面）

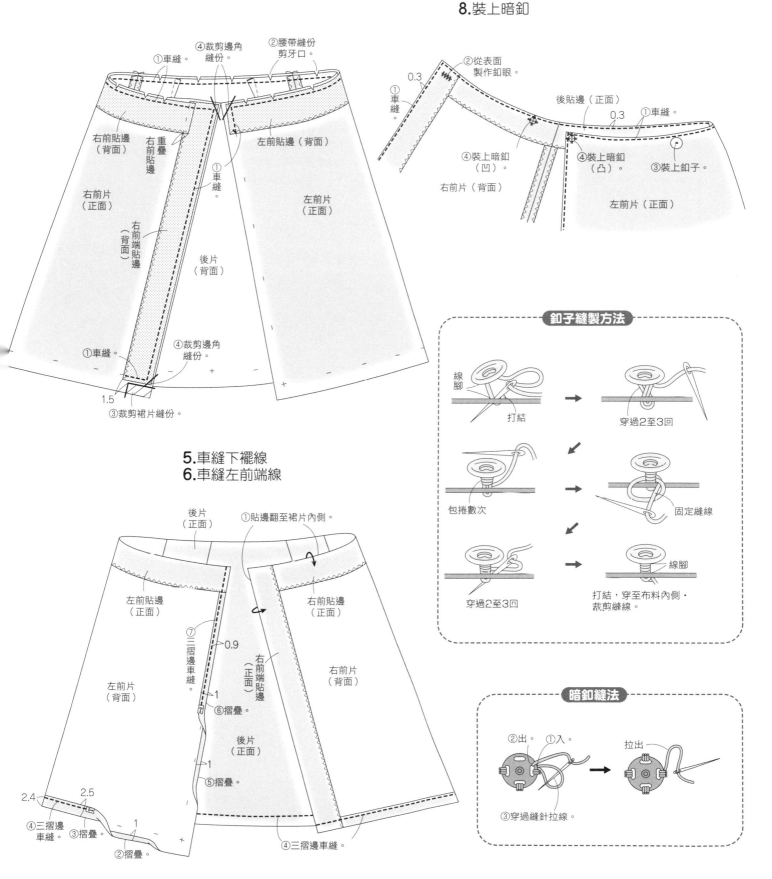

25材料		M	L	LL
表布（Polyester沙典布）	寬112cm	190cm	200cm	210cm
黏著襯（FV-2N）	寬112cm		30cm	
完成尺寸				
胸圍		104cm	110cm	120cm
衣長		72cm	75.5cm	79cm

關於紙型

* 紙型…B面15。
・紙型…後片・前片
・袖子・後貼邊・前貼邊未附原寸紙型。
・領子・蝴蝶結領・前貼邊未附原寸紙型，製圖後製作紙型。
・斜布條直線裁剪均未附原寸紙型，直接在布料上裁剪。
・前貼邊・領子貼上黏著襯。

修改紙型方法

・上衣請修改B面15紙型。
・前身片領圍製作開叉，畫上前貼邊。
・後中心去除褶襉分量，後中心往內側移動4cm。
・改為長版。脇邊作上止縫點記號。

25 的紙型

☐ =15的紙型

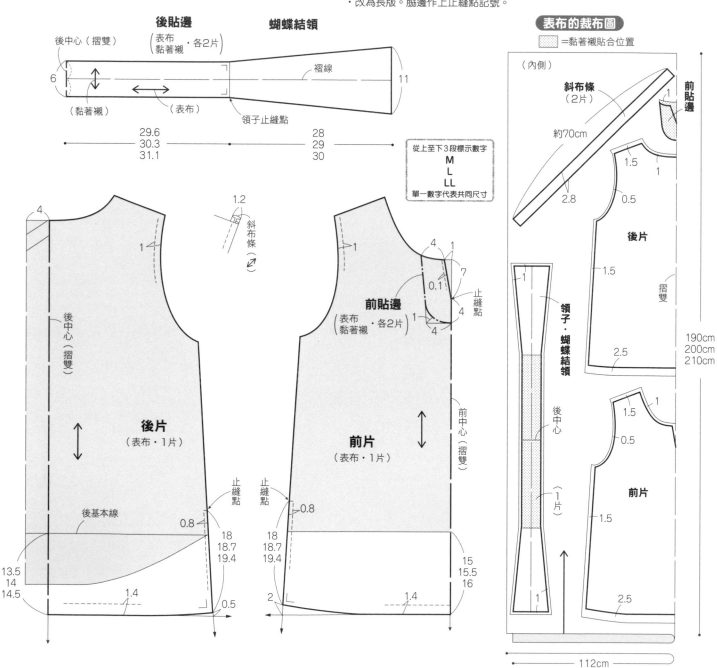

後貼邊
（表布
黏著襯・各2片）

蝴蝶結領

後中心（摺雙）
6
（黏著襯）
（表布）
褶線
領子止縫點
11

29.6	28
30.3	29
31.1	30

從上至下3段標示數字
M
L
LL
單一數字代表共同尺寸

1.2
斜布條

後片
（表布・1片）

後中心（摺雙）

後基本線

4
1
13.5
14
14.5
1.4
0.8
18
18.7
19.4
0.5

前貼邊
（表布
黏著襯・各2片）

前片
（表布・1片）

前中心（摺雙）

4 1
7
0.1
止縫點
4
1
4

止縫點
0.8
2
18
18.7
19.4
1.4
15
15.5
16

表布的裁布圖

▨ =黏著襯貼合位置

（內側）

斜布條
（2片）
約70cm
2.8

前貼邊

1.5
1
0.5

後片
1.5
摺雙

2.5

領子・蝴蝶結領
後中心
（1片）
1
1

1.5
1
0.5

前片
1.5

2.5

190cm
200cm
210cm

112cm

2.車縫肩線

8. 袖襱車縫斜布條

4.接縫領子

3. 製作領子

1. 前領製作開叉

5. 車縫脇邊線

7. 製作脇邊開叉

6.車縫下襬線

作法

1.前領製作開叉

①貼上黏著襯。

②Z字形車縫。

前貼邊
（背面）

中心距0.2cm處剪牙口。

0.2

前貼邊
（背面）

前片
（正面）

Z字形車縫。

2.車縫肩線

燙開縫份。

後片（正面）

車縫。

前片
（背面）

前貼邊
（正面）

①前貼邊反摺。

0.1

前貼邊
（正面）

前片
（背面）

②車縫。

3.製作領子

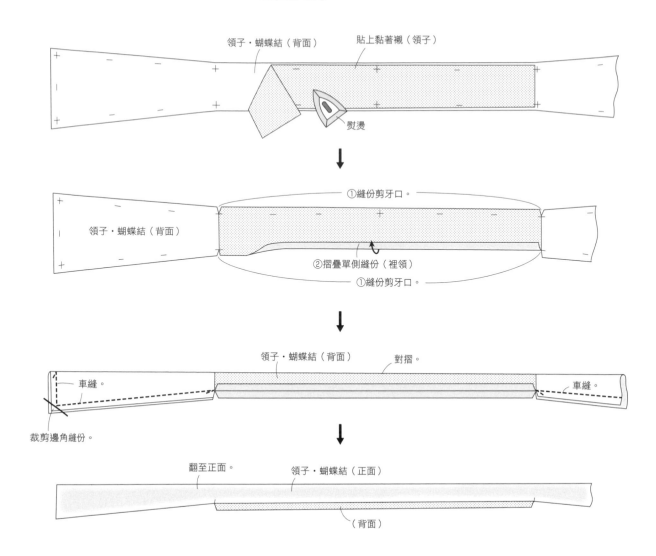

領子‧蝴蝶結（背面）　貼上黏著襯（領子）

熨燙

①縫份剪牙口。

領子‧蝴蝶結（背面）

②摺疊單側縫份（裡領）

①縫份剪牙口。

領子‧蝴蝶結（背面）　　對摺。

車縫。　　　　　　　　　　　　　　　車縫。

裁剪邊角縫份。

翻至正面。　　領子‧蝴蝶結（正面）

（背面）

4.接縫領子

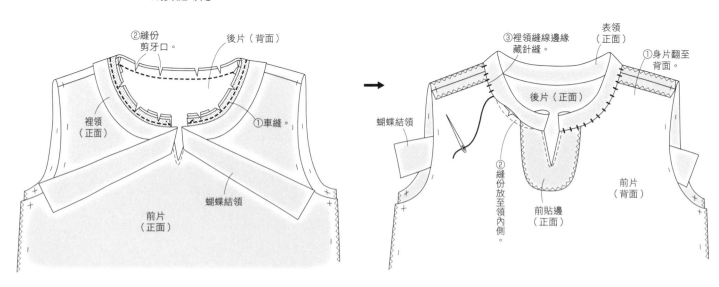

②縫份
剪牙口。　　後片（背面）

③裡領縫線邊緣
藏針縫。

表領
（正面）

①身片翻至
背面。

①車縫。

裡領
（正面）

蝴蝶結領

蝴蝶結領

後片（正面）

②
縫
份
放
至
領
內
側
。

前貼邊
（正面）

前片
（背面）

前片
（正面）

5.車縫脇邊線
6.車縫下襬線

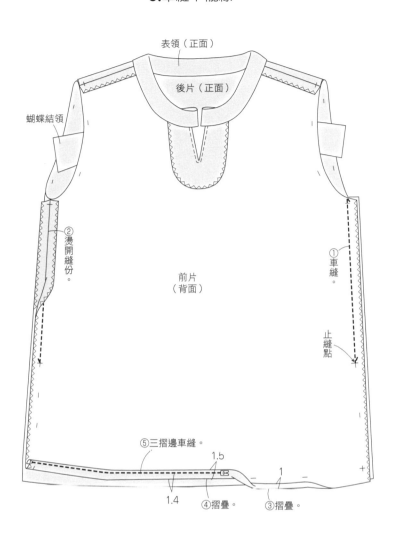

表領（正面）

後片（正面）

蝴蝶結領

② 燙開縫份。

前片（背面）

① 車縫。

止縫點

⑤ 三摺邊車縫。

1.5

1.4

④ 摺疊。　③ 摺疊。

1

7.製作脇邊開叉

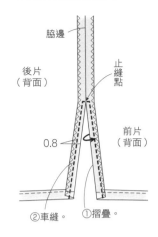

脇邊

後片（背面）

止縫點

前片（背面）

0.8

② 車縫。　① 摺疊。

8.袖襱車縫斜布條

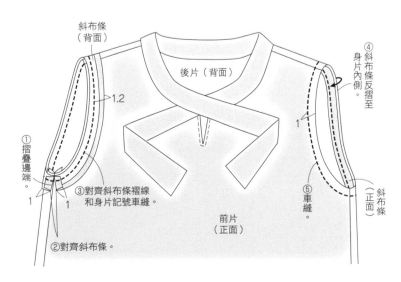

斜布條（背面）

後片（背面）

1.2

④ 斜布條反摺至身片內側。

① 摺疊邊端。

③ 對齊斜布條褶線和身片記號車縫。

1

⑤ 車縫。

斜布條（正面）

前片（正面）

② 對齊斜布條。

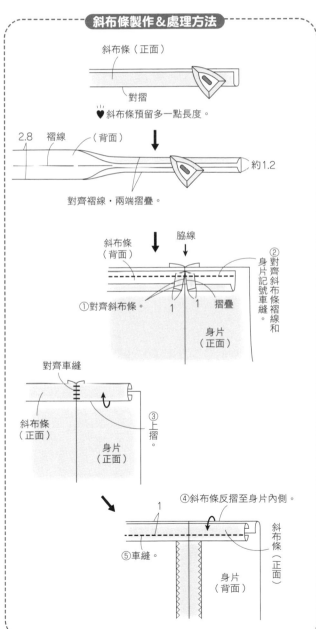

斜布條製作＆處理方法

斜布條（正面）

對摺

♥ 斜布條預留多一點長度。

2.8　褶線　（背面）

約1.2

對齊褶線·兩端摺疊。

斜布條（背面）　脇線

② 對齊斜布條褶線和身片記號車縫。

① 對齊斜布條。　1　1　摺疊

身片（正面）

對齊車縫

斜布條（正面）

③ 上摺。

身片（正面）

1

④ 斜布條反摺至身片內側。

⑤ 車縫。

斜布條（正面）

身片（背面）

25材料		M	L	LL
表布（棉麻混印花布）	寬110cm	190cm	200cm	210cm
黏著襯（FV-2N）	寬112cm		30cm	
完成尺寸				
胸圍		104cm	110cm	120cm
衣長		58.5cm	61.5cm	64.5cm

關於紙型

＊紙型…修改B面15紙型。前貼邊B面21紙型。

・紙型…no.15後片・前片・袖子・後貼邊・no.21前貼邊。

・no.15前貼邊未附原寸紙型。

・前後貼邊貼上黏著襯。

修改紙型方法

・修改B面15紙型。

・前身片領圍製作開叉。

・後中心去除褶襉分量，後中心往內側移動4cm。

・改為短版。前片中心長度多2cm。

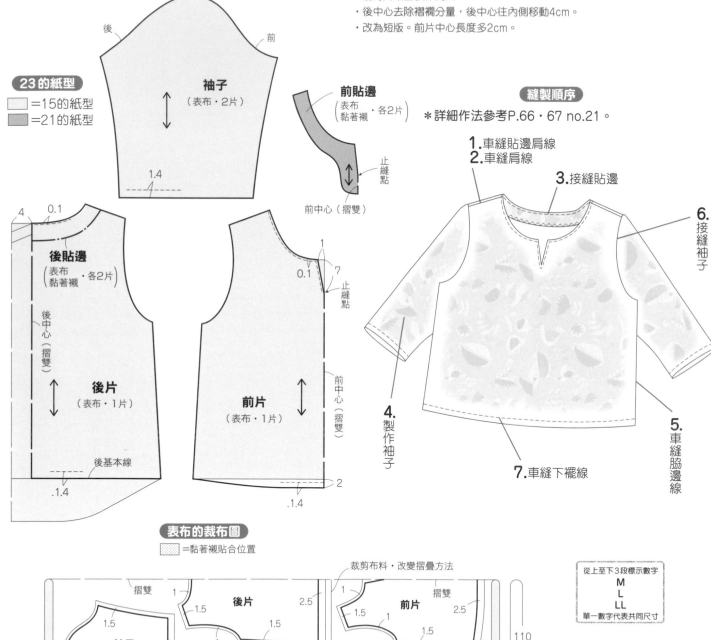

23的紙型

□＝15的紙型
■＝21的紙型

袖子
（表布・2片）

1.4

前貼邊
（表布
黏著襯・各2片）

止縫點

前中心（摺雙）

縫製順序

＊詳細作法參考P.66・67 no.21。

1.車縫貼邊肩線
2.車縫肩線
3.接縫貼邊
6.接縫袖子
4.製作袖子
5.車縫脇邊線
7.車縫下襬線

4
0.1

後貼邊
（表布
黏著襯・各2片）

後中心（摺雙）

後片
（表布・1片）

後基本線

.1.4

1
0.1
7
止縫點

前片
（表布・1片）

前中心（摺雙）

2
.1.4

表布的裁布圖

▓＝黏著襯貼合位置

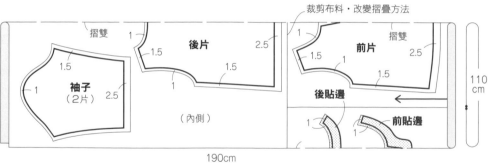

摺雙
1
1.5
袖子
（2片）
1
2.5

1
1.5
後片
2.5
1.5
1

裁剪布料・改變摺疊方法
1
1.5
前片
2.5
1.5
1

摺雙

（內側）

後貼邊
1

前貼邊
1

110
cm

190cm
200cm
210cm

從上至下3段標示數字
M
L
LL
單一數字代表共同尺寸

76

29・30材料		M	L	LL
29表布（棉Lawn混印花布）	寬112cm	210cm	230cm	240cm
黏著襯（FV-2N）	寬112cm	80cm	80cm	85cm
釦子	直徑1.3cm	9個		
30表布（棉麻Oxford）	寬150cm	160cm	170cm	180cm
黏著襯	寬112cm	75cm	80cm	80cm
釦子	直徑2.5cm	1個		
暗釦	直徑1.3cm	1組		
完成尺寸				
胸圍		120cm	126cm	136cm
後衣長		74.5cm	77cm	79.5cm
腰圍		約74cm	約80cm	約90cm
臀圍		100cm	106cm	116cm
裙長		62.5cm	65cm	67.5cm

關於紙型

＊襯衫紙型…使用B面29紙型。
・紙型…後片・前片・後剪接・袖子・.領子・袖口布。
・袖口滾邊布直線裁剪均未附原寸紙型，直接在布料上裁剪。
・表裡領・袖口布・前端縫份貼上黏著襯。

＊裙子紙型…使用A面20・30紙型。
・紙型…後裙片・前裙片・後貼邊・前貼邊・右前端貼邊。
・前後貼邊貼上黏著襯。

29 的紙型

☐＝29的紙型

＊製作方法P.78至81。

30 的紙型

☐＝20・30的紙型

＊詳細作法參考P.69至71 no.20。

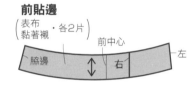

從上至下3段標示數字
M
L
LL
單一數字代表共同尺寸

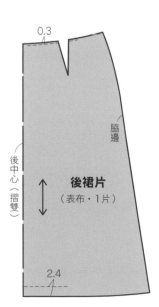

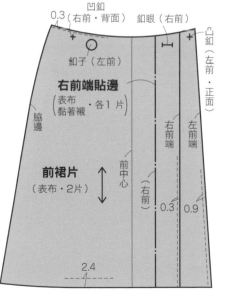

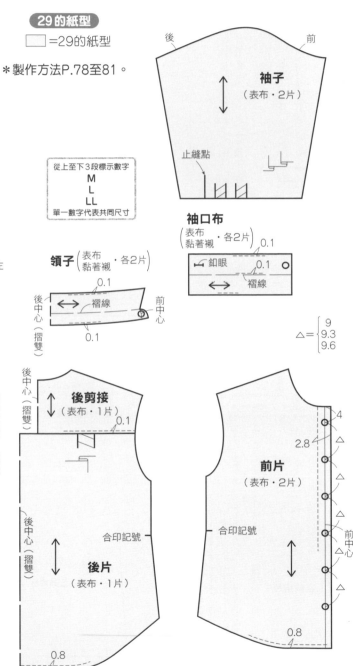

=黏著襯貼合位置

袖口滾邊布（2片）

（內側）

15

2.5

1

袖子
（2片）

1.5

摺雙

1

1

1

袖口布
（2片）

1

1.5

1

前片
（2片）

前中心

4

1.5

1.5

2

1

後剪接片

1

領子
（2片）

1

後中心

後片

1.5

1

2

210cm
230cm
240cm

112cm

=黏著襯貼合位置

摺雙

左前貼邊

1

1

（1片）前中心

1.5

後裙片

1

1

後貼邊

後中心

※左前裙片・右前貼邊・
左前貼邊・右前端貼邊紙型
翻至背面・排放配置。

裁剪布料・改變摺疊方法

（內側）

3.5

160cm
170cm
180cm

（表側）

1.5

1

前中心

右前端貼邊

右前裙片

右前貼邊

1

前中心

2

前中心

左前裙片

1.5

3.5

1

3.5

150cm

4.車縫肩線

5.製作領子・接縫

7.摺疊袖口褶襉

8.接縫袖子

3.車縫前端

6.製作袖口開叉部分

9.車縫袖下線至脇線

12.製作釦眼・裝上釦子

11.製作袖口布・接縫

10.車縫下襬線

2.接縫後身片和後剪接片

1.摺疊後片褶襉

1.摺疊後片褶襉

②縫份車縫固定。

①褶襉往外側摺疊。

Z字形車縫

後片（正面）

2.接縫後身片和後剪接片

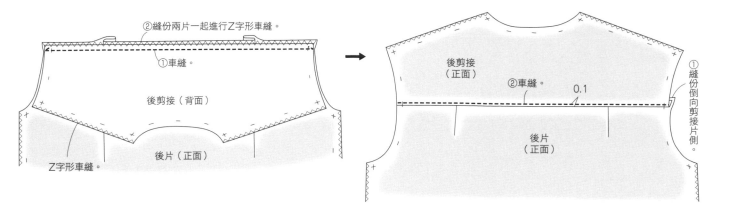

3.車縫前端

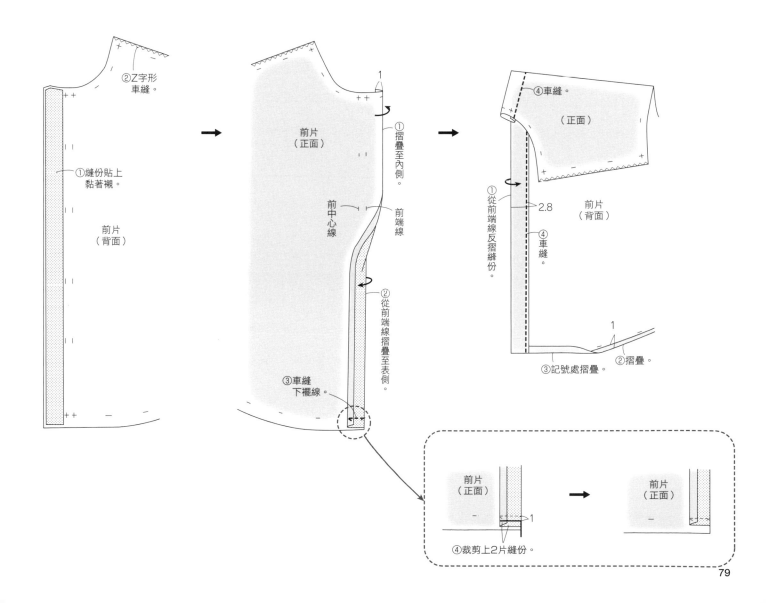

4.車縫肩線

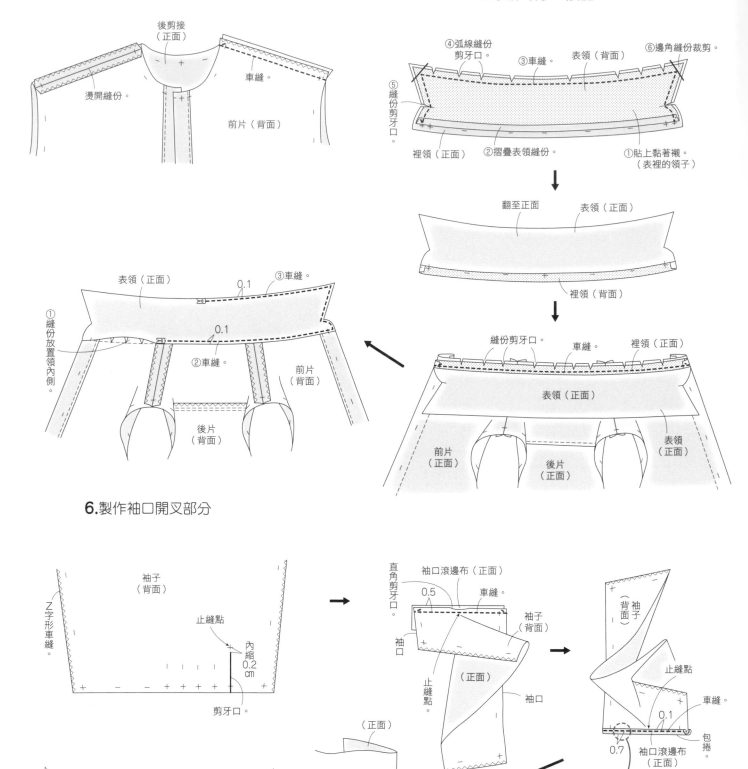

後剪接（正面）

燙開縫份。

車縫。

前片（背面）

5.製作領子・接縫

④弧線縫份剪牙口。

③車縫。

表領（背面）

⑥邊角縫份裁剪。

⑤縫份剪牙口。

裡領（正面）

②摺疊表領縫份。

①貼上黏著襯。（表裡的領子）

翻至正面

表領（正面）

裡領（背面）

縫份剪牙口。

車縫。

裡領（正面）

表領（正面）

前片（正面）

後片（正面）

表領（正面）

表領（正面）

0.1

③車縫。

0.1

①縫份放置領內側。

②車縫。

前片（背面）

後片（背面）

6.製作袖口開叉部分

袖子（背面）

Z字形車縫。

止縫點

內縮0.2㎝

剪牙口。

直角剪牙口。

袖口滾邊布（正面）

0.5

車縫。

袖口

袖子（背面）

止縫點

（正面）

袖口

（背）袖子面

止縫點

車縫。

0.1

0.7

袖口滾邊布（正面）

包捲。

（正面）

袖子（背面）

止縫點

摺疊。

0.5

袖口滾邊布（正面）

摺疊前側滾邊的邊緣。

約車縫3次。

車縫。

0.1

袖子（背面）

0.7

袖口滾邊布（正面）

7. 摺疊袖口褶襉

袖子（正面）

①摺疊褶襉。

②縫份車縫固定。

8. 接縫袖子

②縫份兩片一起進行Z字形車縫。

前片（背面）

③縫份倒向身片側。

後片（背面）

①車縫。

袖子（背面）

9. 車縫袖下線至脇線
10. 車縫下襬線

袖子（背面）

①車縫。

①車縫。

②燙開縫份。

前片（背面）

⑤三摺邊車縫。1

0.8

④記號處摺疊。

③摺疊。

後片（正面）

11. 製作袖口布・接縫

①貼上黏著襯。

袖口布（背面）

②單側縫份摺疊（裡袖口布）。

（正面）

②車縫。

②車縫。

袖口布（背面）

①對摺。

表袖口布（背面）

裡袖口布（正面）

翻至正面。

袖子（正面）

裡袖口布（正面）

表袖口布（背面）

車縫。

袖子（背面）

0.1

車縫。

0.1

裡袖口布（正面）

①縫份放至袖口布內側。

袖子（背面）

1

裡袖口布（正面）

表袖口布（正面）

②車縫。

③製作釦眼。

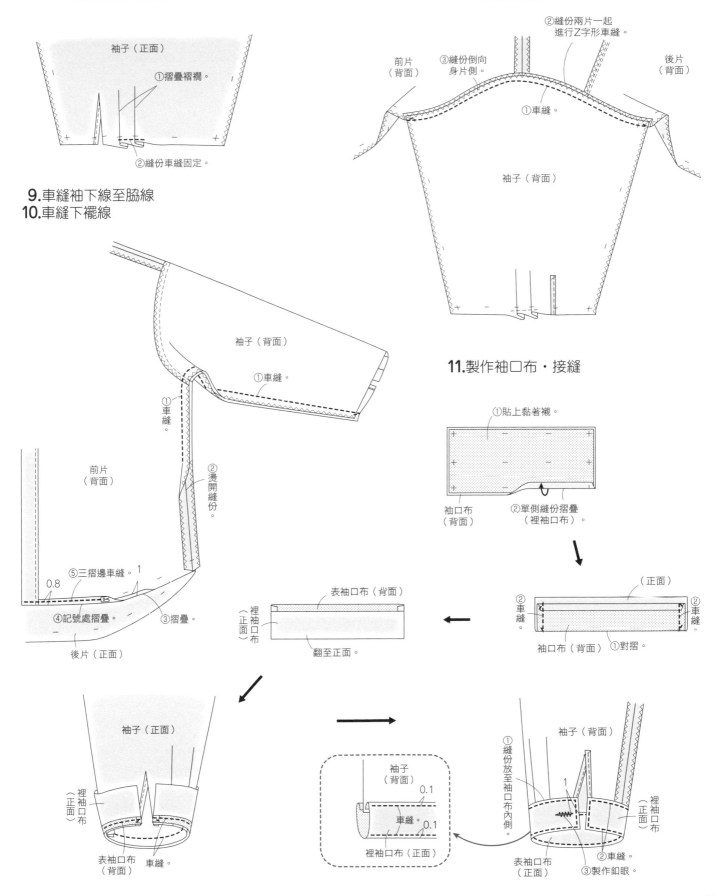

27材料		M	L	LL
表布（棉質布）	寬110cm	330cm	350cm	360cm
黏著襯（FV-2N）	寬112cm	110cm	115cm	120cm
釦子	直徑1.3cm		12個	
完成尺寸				
胸圍		120cm	126cm	136cm
衣長		111.5cm	115cm	118.5cm

關於紙型

＊修改B面29紙型。袋布B面27紙型。
・紙型…no.27袋布・no.29後片・前片・後剪接・袖子・領子・袖口布。
・袖口滾邊布・細繩直線裁剪均未附原寸紙型，直接在布料上裁剪。
・表裡領・袖口布・前端縫份貼上黏著襯。

修改紙型方法

・請修改B面29紙型。
・改為長版。作上脇邊口袋口記號。

27的紙型
　=29的紙型
　=27的紙型

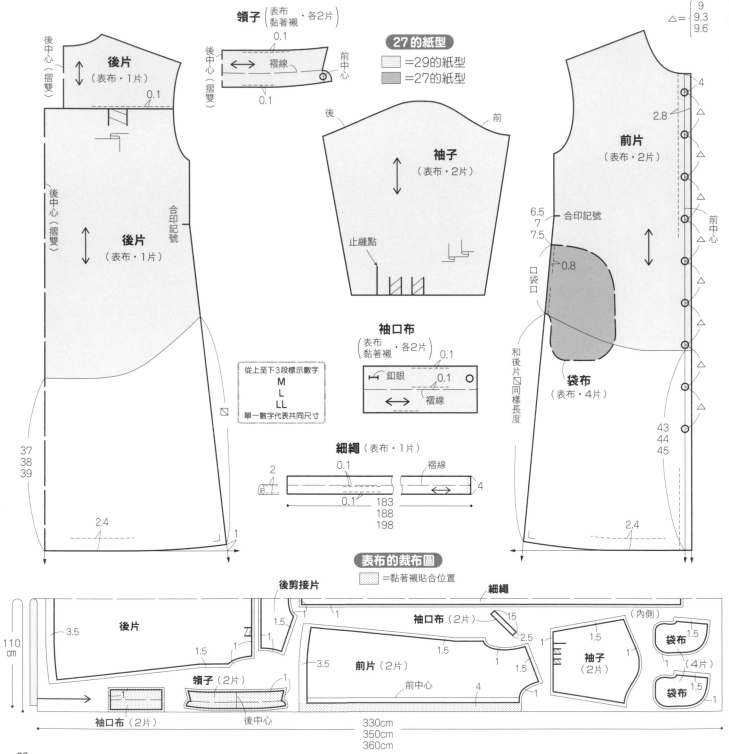

表布的裁布圖
　=黏著襯貼合位置

＊詳細作法參考P.78至81 no.29。

9.製作口袋‧車縫袖下線至脇線。

12.製作細繩

2.車縫後片和後剪接片

4.車縫肩線

後片（正面）

Z字形車縫

前片（正面）

口袋口

口袋口

車縫。

袋布（背面）

袋布（背面）

後片

1.摺疊後片褶襉

8.接縫袖子

5.製作領子‧接縫

7.摺疊袖口褶襉

6.袖口製作開叉部分

袖子（背面）

①車縫。

前片（背面）

①車縫。

先拉出袋布避免被車入。

袋布（背面）

口袋口

①車縫。

先摺疊袋布避免被車入。

後片（正面）

3.車縫前端

12.製作釦眼‧裝上釦子

9.製作口袋‧車縫袖下線至脇線

11.製作袖口布‧接縫

10.車縫下襬線

前片（背面）

後片（背面）

後片（正面）

③避開後片。

0.5

0.8

口袋口

③車縫。

袋布（正面）

②縫份側車縫。

①車縫。

0.2

袋布（背面）

④後面縫份車縫固定。

前片（背面）

①燙開縫份。

12.製作細繩

製作細繩

細繩（背面）

細繩（背面）

摺疊縫份

①對摺。

細繩（正面）

0.1

0.1　②車縫。

14材料		M	L	LL
表布（亞麻混Tweed）	寬170cm	120cm	130cm	140cm
黏著襯（FV-2N）	寬112cm	60cm	65cm	70cm
鉤釦		1組		
完成尺寸				
胸圍		108cm	114cm	124cm
衣長		52.5cm	55.2cm	57.9cm

關於紙型

＊紙型…修改A面1紙型。
・紙型…後片・前片
・領子均未附原寸紙型。
・表裡貼邊縫份貼上黏著襯。

修改紙型方法

・請修改A面1紙型。
・前領圍改為V領，前中心開襟。
・描繪後貼邊和前貼邊製圖，製作紙型。
・改為短版。

14的紙型

□=1的紙型

從上至下3段標示數字
M
L
LL
單一數字代表共同尺寸

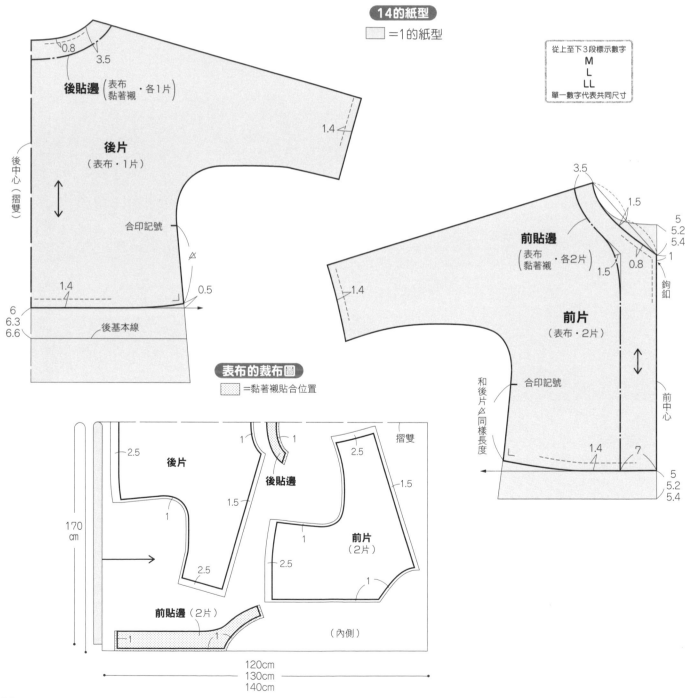

表布的裁布圖

▨=黏著襯貼合位置

1.車縫肩線

後片
（正面）

②車縫。

③燙開縫份。

①車縫。

前片
（背面）

2.車縫貼邊的肩線

①貼上黏著襯。

②Z字形車縫。

前貼邊
（背面）

後貼邊
（正面）

燙開縫份。

車縫。

前貼邊
（背面）

♥以相同方法製作後貼邊。

縫製順序

1.車縫肩線
2.車縫貼邊肩線

3.車縫身片和貼邊

6.車縫袖口

7.裝上鉤釦（參考P.88）

4.車縫脇邊線

4.車縫脇邊線
5.車縫下襬線
6.車縫袖口

5.車縫下襬線

3.車縫身片和貼邊

後片
（正面）

後貼邊（背面）

②縫份剪牙口。

①車縫。

前片
（正面）

前貼邊
（背面）

①車縫。

④邊角縫份裁剪。

1.5

③前片縫份裁剪。

④車縫。   0.8

後片
（正面）

③反摺貼邊。

前貼邊
（正面）

前片（背面）

①車縫。

②燙開縫份。

⑧三摺邊車縫。 1.4

⑦三摺邊車縫。
1.5

⑥摺疊。1   ⑤摺疊。

1.4

（背面）

1.5

1

1.4

三摺邊車縫。

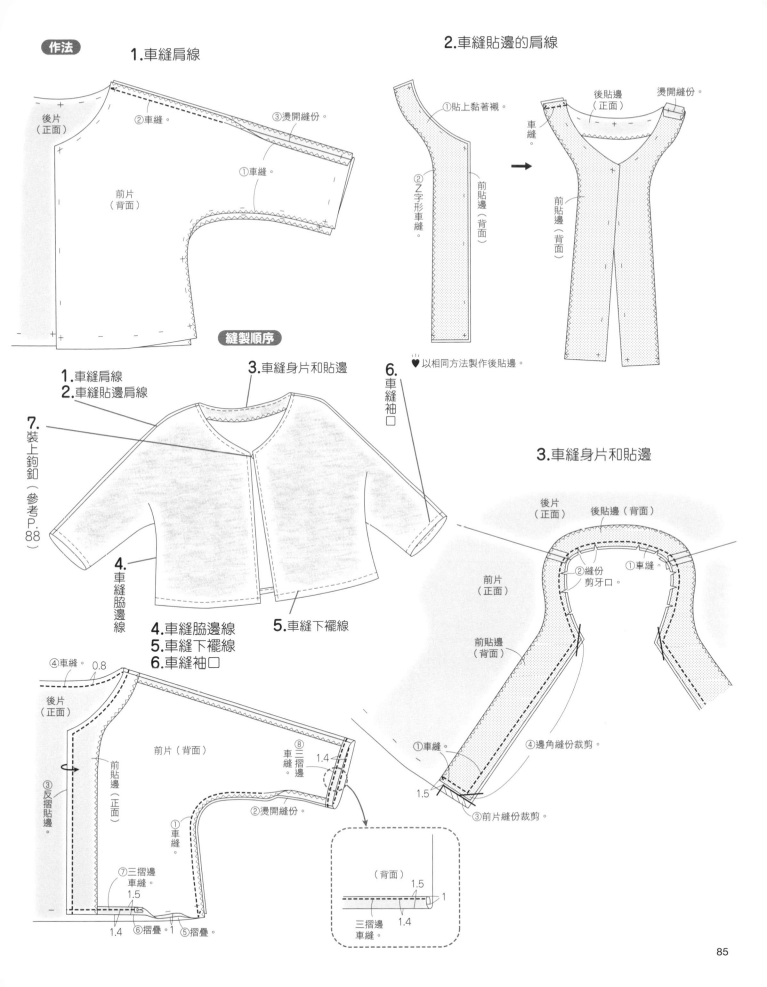

31 材料		M	L	LL
表布（單寧針織布）	寬160cm	240cm	260cm	270cm
黏著襯（FV-2N）	寬112cm	110cm	115cm	120cm
鉤釦			1組	
完成尺寸				
胸圍		108cm	114cm	124cm
衣長		98cm	102cm	106cm

關於紙型

＊紙型…修改A面1紙型。袋布A面31紙型。
・紙型…no.1後片・前片・no.31袋布。
・領子未附原寸紙型。
・細繩直線裁剪均未附原寸紙型，直接在布料上裁剪。
・表裡貼邊・前片口袋口縫份貼上黏著襯。

修改紙型方法

・請修改A面1紙型。
・前領圍改為V領，前中心開襟。
・描繪後貼邊和前貼邊製圖，製作紙型。
・描繪脇邊口袋口。
・改為長版。

從上至下3段標示數字
M
L
LL
單一數字代表共同尺寸

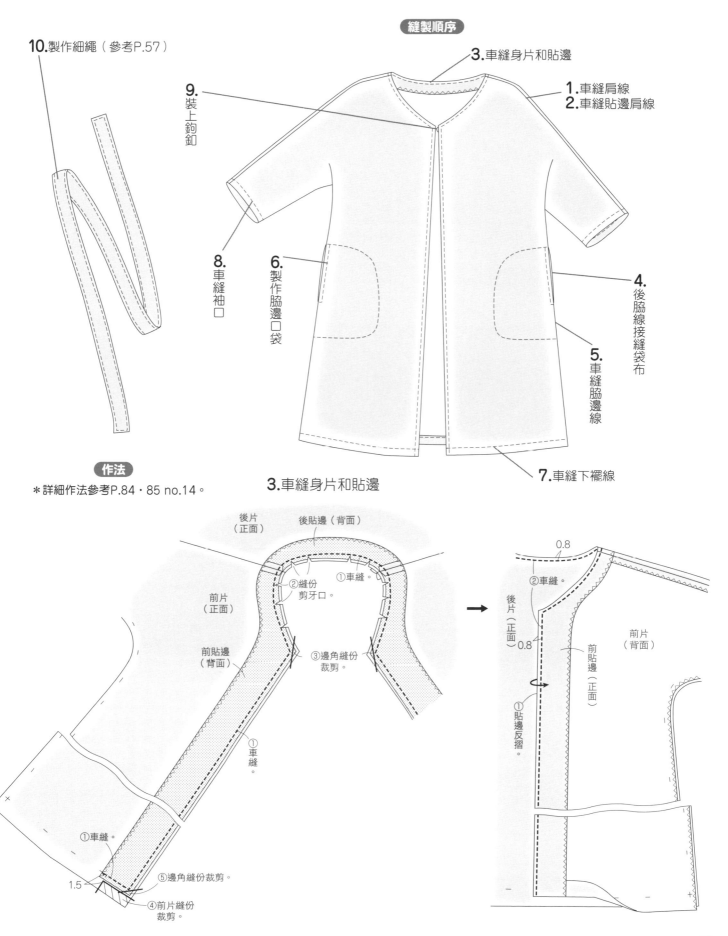

10.製作細繩（參考P.57）

9.裝上鉤釦

8.車縫袖口

6.製作脇邊口袋

縫製順序

3.車縫身片和貼邊

1.車縫肩線
2.車縫貼邊肩線

4.後脇線接縫袋布

5.車縫脇邊線

7.車縫下襬線

作法

＊詳細作法參考P.84・85 no.14。

3.車縫身片和貼邊

後片（正面）　　後貼邊（背面）

前片（正面）

前貼邊（背面）

②縫份剪牙口。

①車縫

③邊角縫份裁剪。

①車縫。

①車縫。

1.5

⑤邊角縫份裁剪。

④前片縫份裁剪。

0.8

②車縫。

後片（正面）

0.8

①貼邊反摺。

前貼邊（正面）

前片（背面）

87

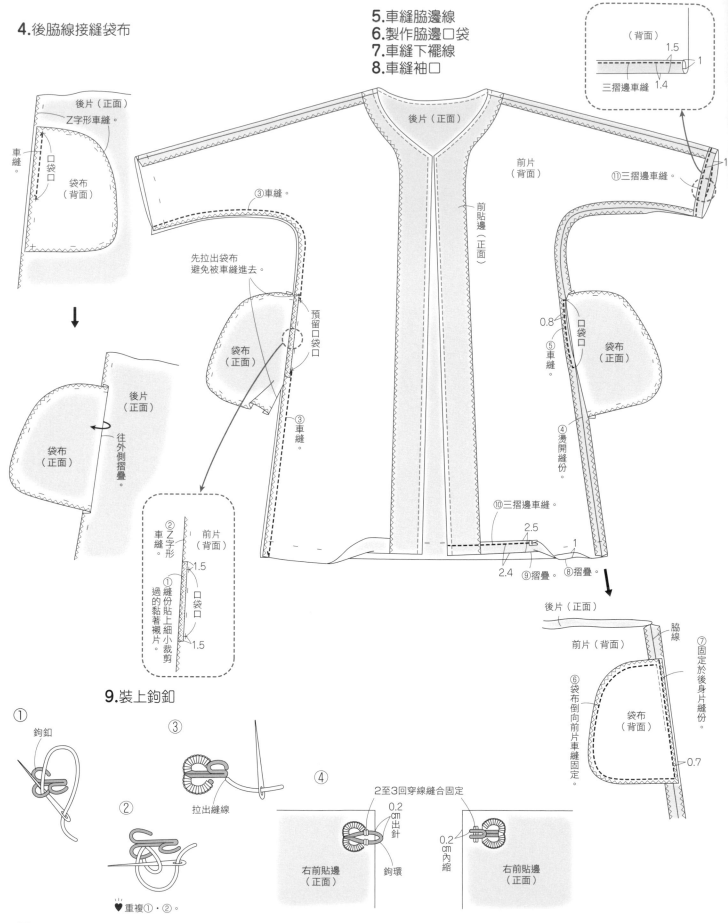

4.後脇線接縫袋布

後片（正面）
Z字形車縫。
車縫。
口袋口
袋布（背面）

往外側摺疊。

後片（正面）
袋布（正面）

5.車縫脇邊線
6.製作脇邊口袋
7.車縫下襬線
8.車縫袖口

（背面）
1.5
1
三摺邊車縫 1.4

後片（正面）

前片（背面）
前貼邊（正面）

⑪三摺邊車縫。
1

③車縫。

先拉出袋布避免被車縫進去。
預留口袋口

袋布（正面）

③車縫。

0.8
口袋口
袋布（正面）
⑤車縫。

④燙開縫份。

②Z字形車縫。
前片（背面）
1.5
①縫份貼上細小裁剪過的黏著襯片。
口袋口
1.5

⑩三摺邊車縫。
2.5
1
2.4
⑨摺疊。
⑧摺疊。

後片（正面）
前片（背面）
脇線
⑦固定於後身片縫份。
⑥袋布倒向前片車縫固定。
袋布（背面）
0.7

9.裝上鉤釦

①
鉤釦

②

③
拉出縫線

④
2至3回穿線縫合固定
0.2cm出針
右前貼邊（正面）
鉤環

0.2cm內縮
右前貼邊（正面）

♥重複①・②。

88

 Sewing 縫紉家25

女子裁縫師的日常穿搭

一次學會30款不退流行的實穿單品

....

作　　者／BOUTIQUE-SHA

譯　　者／洪鈺惠

發 行 人／詹慶和

總 編 輯／蔡麗玲

執行編輯／劉蕙寧

編　　輯／蔡毓玲‧黃璟安‧陳姿伶‧李佳穎‧李宛真

執行美編／周盈汝

美術編輯／陳麗娜‧韓欣恬

內頁排版／造　極

出 版 者／雅書堂文化事業有限公司

發 行 者／雅書堂文化事業有限公司

郵撥帳號／18225950

戶　　名／雅書堂文化事業有限公司

地　　址／新北市板橋區板新路206號3樓

電　　話／(02)8952-4078

傳　　真／(02)8952-4084

網　　址／www.elegantbooks.com.tw

電子郵件／elegant.books@msa.hinet.net

....

2017年10月初版一刷　定價380元

Lady Boutique Series　No.4147

Tsukutte → Kimawasu Otona no Mainichi Fuku

© 2016 Boutique-sha, Inc.

All rights reserved.

Original Japanese edition published in Japan by BOUTIQUE-SHA.

Chinese (in complex character) translation rights arranged with BOUTIQUE-SHA

through KEIO CULTURAL ENTERPRISE CO., LTD.

....

總經銷／朝日文化事業有限公司

進退貨地址／新北市中和區橋安街15巷1號7樓

電話／（02）2249-7714　　傳真／（02）2249-8715

....

國家圖書館出版品預行編目(CIP)資料

女子裁縫師的日常穿搭‧一次學會30款不退流行的
實穿單品/ BOUTIQUE-SHA 授權; 洪鈺惠譯.
-- 初版. – 新北市：雅書堂文化, 2017.10
　　面；　公分. -- (Sewing縫紉家; 25)
ISBN 978-986-302-393-7 (平裝)

1.縫紉 2.女裝 3.手工藝

426.3　　　　　　　　　　　　　　106018126

〔STAFF〕

編輯／高橋ひとみ‧北脇美秋

製作校稿／関口恭子

攝影／中島繁樹

妝髮／三輪昌子

模特兒／樹里亞 micari

版面設計／八木孝枝〈スタジオダンク〉

製圖／榊原良一

尺寸‧紙型配置／山科文子

SEWING 縫紉家 06

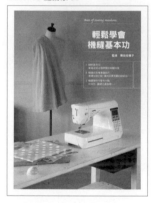

輕鬆學會機縫基本功
栗田佐穗子◎監修
定價：380 元

細節精細的衣服與小物，是如何製作出來的呢？一切都看縫紉機是否運用純熟！書中除了基本的手縫法，也介紹部分縫與能讓成品更加美觀精緻的車縫方法，並運用各種技巧製作實用的布小物與衣服，是手作新手與熟手都不能錯過的縫紉參考書！

SEWING 縫紉家 05

手作達人縫紉筆記
手作服這樣作就對了
月居良子◎著　定價：380 元

從畫紙型與裁布的基礎功夫，到實際縫紉技巧，書中皆以詳盡彩圖呈現；各種在縫紉時會遇到的眉眉角角、不同的衣服部位作法，也有清楚的插圖表示。大師的縫紉祕技整理成簡單又美觀的作法，只要依照解說就可以順利完成手作服！

SEWING 縫紉家 04

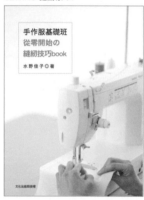

手作服基礎班
從零開始的縫紉技巧 book
水野佳子◎著　定價：380 元

書中詳細介紹了裁縫必需的基本縫紉方法，並以圖片進行解說，只要一步步跟著作，就可以完成漂亮又細緻的手作服！從整燙的方法開始、各種布料的特性、手縫與機縫的作法，不錯過任何細節，即使是從零開始的初學者也能作出充滿自信的作品！

完美手作服の
必看參考書籍

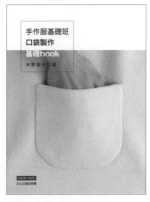

手作服基礎班
口袋製作基礎 book
水野佳子◎著　定價：320 元

口袋，除了原本的盛裝物品的用途外，同樣也是衣服的設計重點之一！除了基本款與變化款的口袋，簡單的款式只要再加上拉鍊、滾邊、袋蓋、褶子，或者形狀稍微變化一下，就馬上有了不同的風貌！只要多花點心思，就能讓手作服擁有自己的味道喔！

手作服基礎班
畫紙型＆裁布技巧 book
水野佳子◎著　定價：350 元

是否常看到手作書中的原寸紙型不知該如何利用呢？該如何才能把紙型線條畫得流暢自然呢？而裁剪布料也有好多學問不可不知！本書鉅細靡遺的介紹畫紙型與裁布的基礎課程，讓製作手作服的前置作業更完美！

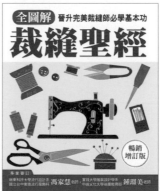

全圖解 裁縫聖經（暢銷增訂版）
晉升完美裁縫師必學基本功
Boutique-sha ◎著　定價：1200 元

它就是一本縫紉的百科全書！從學習量身開始，循序漸進介紹製圖、排列紙型及各種服裝細節製作方式。清楚淺顯的列出各種基本工具、製圖符號、身體部位簡稱、打版製圖規則，讓新手的縫紉基礎可以穩紮穩打！而衣服的領子、袖子、口袋、腰部、下襬都有好多種不一樣的設計，要怎麼車縫表現才完美，已有手作經驗的老手看這本就對了！

EVERYDAY CLOTHES

Simple &
Easy to mix-and-match

Clothes